U0023690

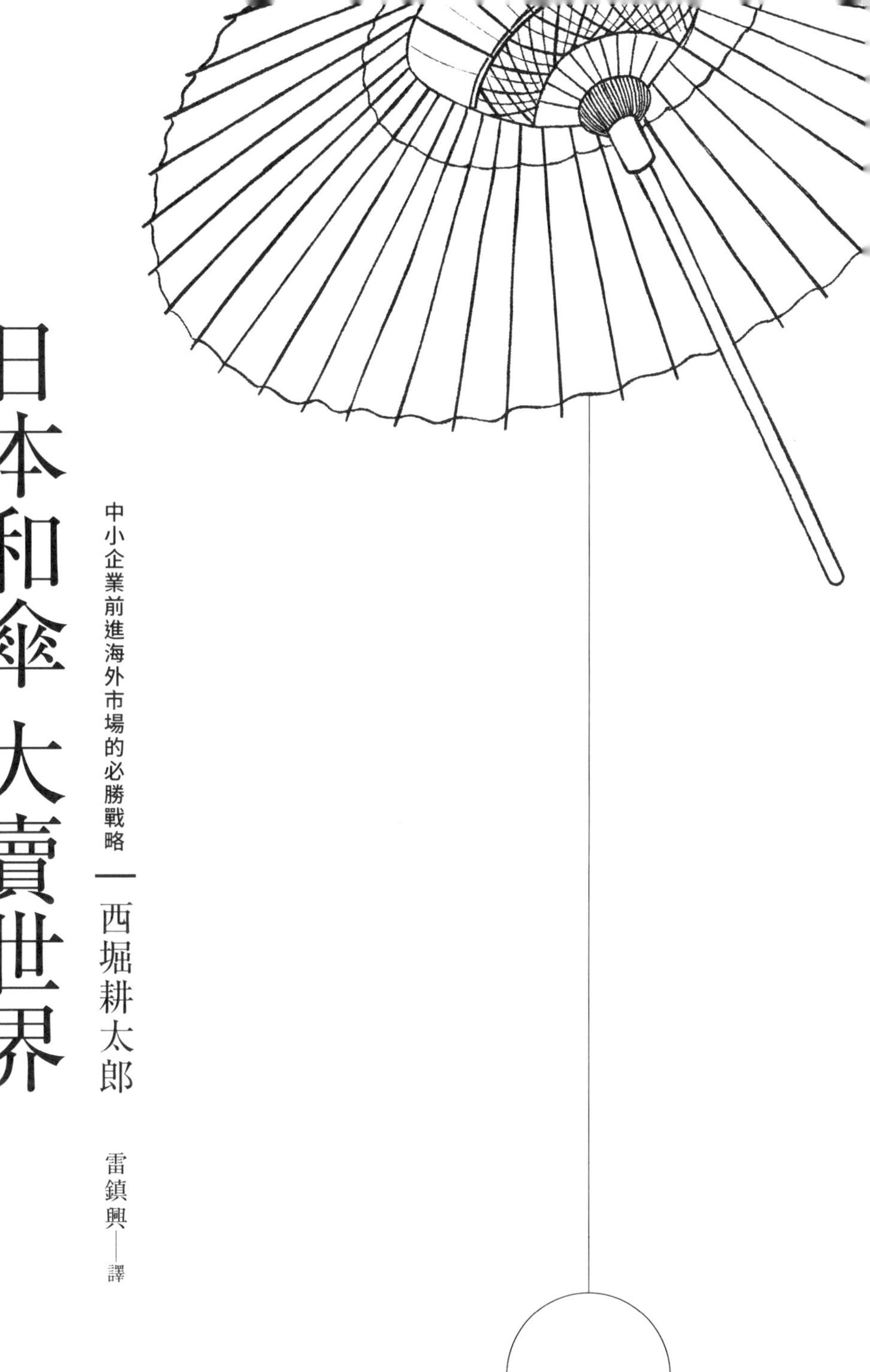

日本和傘 大賣世界

中小企業前進海外市場的必勝戰略

西堀耕太郎
雷鎮興——譯

伝統の技を世界で売る方法

前言

我經營的日吉屋股份有限公司創業於日本江戶時代，這間「京和傘」老店歷經五代，已持續經營超過一百六十年以上。所謂和傘，主要是以竹子與和紙製成的手工藝品。在過去，每個人都把它當作雨傘或陽傘，屬於日常生活的用品。和傘的誕生可回溯至更古老的奈良時代（西元七一〇年至七九四年），它擁有一千年以上的歷史。

然而，大眾生活受到西化影響，洋傘、塑膠傘與折疊傘相繼崛起，日常生活中，人們幾乎不再使用和傘。如今，和傘僅限於佛寺、神社、傳統茶藝坐席、傳統藝能舞台等場所中使用。儘管在過去，單單京都市區就號稱有兩百間以上的和傘屋，但如今卻只剩下日吉屋從事和傘製作。我們觀察京都以外的岐阜、金澤、鳥取與德島等全國各區產地，和傘製造商加起來不知是否超過十間，情況可說猶如風中殘燭一般。

話雖如此，日吉屋過去也曾一度陷入關門大吉的危機。它在最繁榮的時期擁有將近五十位工匠師傅，甚至還開了分店；然而隨著日本高度經濟成長期結束，情況開始走下坡，逐漸成為夕陽產業。我在二十年前認識日吉屋，當時的情況是，僅剩自家人在苦撐，製作著過程繁瑣的和傘。

日吉屋徒有老店名聲，幾乎沒有任何交易客戶，於是嘗試採購洋傘與雜貨來販賣，但完全無法反擊致勝，最後甚至淪落到賣五百日圓塑膠雨傘的下場。年度營業額甚至衰退到僅剩一百萬日圓，任誰都搖頭表示：「沒戲唱了！」正當無計可施之際，前來參與的就只有我了。然而，面對傳統工藝，我完全是個門外漢，毫無任何經營公司的經驗，而且最高學歷只有高中畢業，不過是一介鄉下出身的公務員而已。

我持續著公務員的工作，並且經常往返日吉屋，開始規畫建立網路銷售的制度，嘗試自學和傘的製作。我與日吉屋的關係越來越緊密，終於在二〇〇三年下定決心以第五代傳人的身分繼承日吉屋。所幸，網路銷售的事業步上軌道，雖然有一段期間擺脫了業績低迷的頹勢，然而僅靠和傘做生意，終究還是會走到末路而停滯。在如此反覆蜿蜒曲折之中，最後日吉屋開拓了一條出路，我們活用了和傘的製造技術，轉而開發照明設計器具「古都里—KOTORI—」。

我們把和傘的魅力——骨架之美、穿透和紙的柔和光芒——發揮到極致，取得外部設計師與統籌規畫製作人的協助，開發一項新的照明設計商品，榮獲二〇〇七年優良設計獎（Good Design Award）特別獎（中小企業廳長官獎）。在這之後，我們參加法國與德國的展覽會並且受到矚目，與海外代理經銷商簽約，成功開拓出一條與過去完全不同的銷售通路。如今，日吉屋以「古都里」為代表，我們的照明設計商品在全世界約十五個國家販賣。過去，一年最慘的營業額只剩一百萬日圓，但在這十年裡，光是製造部門的營業額就成長約五十倍，再把集團公司的總營業額加總計算，一共擴增了一百五十倍左右。

我們在經營和傘老店的同時，持續以照明設計開拓新事業，堅持經營的態度。以「傳統是持續地創新」作為企業理念，成為支撐公司的最大力量。我們以傳統技術為根柢，創造極具設計感的商品，提供大眾在日常生活中使用，並且遠播到全世界。如此一來，最後我們能夠靠著和傘的根源，以它的製造技術重生，進而永續發展生存。現在，我們聘請並培養年輕的和傘工匠師傅，也藉此將技術傳承給下一代。

接著，在不知不覺中，「把傳統技術銷往世界」就成為我的天職。我希望能善用在日吉屋精心規畫的商品開發專業知識，以及進軍海外不可或缺的知識與網路，運用在支援各個不同領域的中小企業。因此，我在二〇一二年成立集團公司——ＴＣＩ研究所。我們的營運團隊中，擁有許多優秀的國際人才，成立各項協助大家進軍國際市場的支援計畫，目前協助的企業總計超過了一百三十間。

在本書中，我將描述日吉屋如何從面臨存亡的和傘事業，走到開發照明設計的過程，以及如何發展到海外，並且說明如何運用我們條理化的獨特方法——市場行銷理論「Next Market in」。倘若不斷尋找活路的工藝製造中小企業，能夠不受傳統包袱束縛，成立新事業並且使營業額達數千萬甚至上億日圓，如此一來，對活絡整體經濟與文化傳承上，將是多麼偉大的貢獻啊。我相信能讓世界發出讚嘆聲、擁有精湛技術的日本企業，一定還有非常多吧。

我繼承日吉屋時，不論在商品開發知識、金錢、人脈方面，幾乎完全等於零。本書寫下的一切內容，全部都是我在過去十五年裡，經由不斷嘗試錯誤、實踐之下，最後好不容易獲得的結論。我能做到的事，相信您也能做得到。日吉屋所經歷的失敗過程，如果能成為一條參考的捷徑，相信大家的公司一定能夠比敝公司獲得數倍的成功，以少於一半的時間達成目標吧。

我衷心期盼，這本書能為您帶來一些啟發，並且能成為您充滿自豪、過著幸福人生的一項契機。

日吉屋第五代家主　西堀耕太郎

目次

第1章

在海外找到中小企業的出路

——以日吉屋的方法邁向成功之路

從瀕臨倒閉的和傘屋到銷售世界十五國的照明燈具歷程

踏出日本吧！有一股衝動喚醒了我

二〇〇八年夏天，我在德國法蘭克福舉行的生活家飾與禮品展覽會「Tendence」會場。京和傘老店「日吉屋」之所以千里迢迢遠赴德國，主要是為了在當地展示、推銷二〇〇六年所設計開發的照明器具「古都里—KOTORI—」。這次主辦單位提供的展出攤位在「Next」區，參展者都是備受矚目的後起之秀，從其中精挑細選的年輕設計師或製造商。我身著和服，把頭髮束於後方，以「摩登武士」造型登場。前來參觀的各國採購人員與媒體絡繹不絕，我在大家面前仔細介紹商品，同時展示一開一闔的和紙燈罩給他們看，每一個人都不約而同地發出驚嘆聲。其中，有一位男性德國照明器具製造商對我表示：「我對你們的商品一見鍾情，它充滿了魅力。請務必給我們公司代理服務的一個機會。」

這是我們第一次在海外以獨立的攤位展出，透過「Tendence」展覽，日吉屋獲得德國與瑞士的兩處代理經銷據點，許多國外媒體還特別為此報導。接著，我們以此為出發點，加快日吉屋照明設計器具在海外的發展腳步。目前，我們的商品輸出世界約十五國，遍及歐洲、大洋洲、中東與亞洲。

然而，看似發展順遂的日吉屋，其實在二十年前乏人問津。一年的營業額僅有一百萬日圓，持續赤字虧損，甚至差點陷入關門大吉的地步。在本章裡，我將回顧和傘屋日吉屋為何會決定進入未知的領域，開始從事照明設計新事業，以及如何成功進軍世界的過程。

我在二〇〇三年進入日吉屋就職。由於母親的娘家在京都，小時候每逢寒暑假我就會去外祖父家裡玩，所以對京都的街道多少有一些親切感。然而，我過去在和歌山的鄉下地方當公務員，實在與傳統工藝世界毫無緣分，沒想到會成為一百六十年的百年老店接班人。回想起來，人生的際遇實在不可思議。

在此稍微離題，請容我先介紹自己在遇見日吉屋之前的一些過程。我們經常聽人提到，能夠創新的人才，往往都是「外人」、「傻瓜」或「年輕人」。我認為，正因為按照自己毫不掩飾的想法去做，才能造就今日的我與日吉屋。

我在和歌山縣新宮市出生長大。一般認為，新宮市是合氣道的發祥地，因而有許多來自世界各地的外國人到此學習這項武術。我能夠在十幾歲意識到「世界」，也是拜合氣道所賜。

我前往練習的地方名為合氣道熊野塾道場，它是一所具有傳統歷史淵源的道場。這裡匯集世界各國與不同成長背景的人，包括退休大學教授、音樂家，甚至還有美國前總統的保鏢，充滿各式各樣的面孔。這裡可以接觸到在家裡與學校無法獲得的事物與多元價值觀，以及各種生活方式。

在這群人裡，我與一位法國人特別要好，經常去他的家裡玩耍，我們以簡單的英語單字溝通。在過程中，我萌生「想學習更道地的英語」的想法，這種念頭一天比一天強烈。

上了高中，我依舊熱中合氣道，就在考前衝刺成績落後其他同學時，我剛好得知加拿大與日本簽定了一項協定，名為「打工遊學」（Working Holiday）的制度。由於父親的親戚剛好移民到加拿大多倫多，於是我對加拿大更產生了一股親切感。能一邊學習、一邊工作，同時又可以增廣見聞——我被這些優點吸引，心中認為：「只剩這條路了。」我做好心理準備，接受大家的強烈反彈。然而，父親或許感受到我的決心，同意了我的請求，並表示：「我只幫你出旅費與學費一百萬日圓，接下來你得自己想辦法。」

到了加拿大，堂姊為我辦好多倫多大學的學生宿舍入住手續。我進去之後，發現那裡聚集了來自全世界各國的留學生，是一個種族大熔爐。學校最初的課程，也從每個人介紹自己與所屬國家開始。父親在日本故鄉是知名英語補習班的經營者，由於這層關係，我很早以前就開始學習英語，因此多少已習慣以英語會話。「東京的人口有多少？」、「說說有關歌舞伎的事吧」、「日本人的宗教觀是什麼？」這些問題接二連三地飛來，不絕於耳。我一時無法好好回答自己國家的文化與習慣，這景象多麼奇特啊。

另外，在當時遇到的人裡，有許多人從東歐、中東或亞洲等戰爭地區逃出來。聽了他們描述的戰爭實況，我深刻體會到日本的環境有多麼安逸舒適。在日本，我無法想像多數國家存在的貧富懸殊問題，也是透過這一年我才認知到這個事實。多虧了自己十八歲遠離日本到國外的這段經驗，我才能夠從外部的角度，客觀審視日本人的主體性與獨特性。

從公務員到工匠師傅的跑道轉換

打工遊學簽證的有限期限只有一年，轉眼之間就過去了，我帶著依依不捨的心情回國。不久後，我開始以新宮市市公所的職員身分正式工作。由於合氣道的因緣，新宮市與美國聖塔克魯茲市締結為姊妹市，市公所需要國際交流的人才，因此錄取了數名具備英語會話能力的職員，而我正是其中一員。

然而，工作中並非經常需要口譯。因此，在平常的每一天，我以經濟觀光課一員的身分，積極推動地方上商業、觀光的振興工作，以及努力增加流入人口。儘管我的身分為公務員，但這份工作不論在政策上的規畫與執行，或者對運用稅金的投資效益評估，都要求以接近民間的商業經營方式去做。因此，在這五年裡，承蒙故鄉上許多經營商業或觀光業的前輩們栽培指導，我獲得非常多的學習機會。後來我被調到稅務課，學習了稅金、保險、年金與各行政機關等制度，這些都是非常寶貴的經驗。

我在任職公務員第二年時，遇見一位女性，後來成為我的妻子，她是日吉屋的次女。當時她還是大學生，畢業後我們立即結婚，她在新宮市鄰近的行政區擔任公務員一職。在還沒結婚之前，第一次去她家裡拜訪的情景，我至今依然記憶鮮明。

店裡有三分之二的空間都被洋傘占據，在店裡最深處，出現了我從沒看過的一幕。未來的岳母手上拿著一個物品，並將它展開給我看。我感到一股強烈的衝擊，不禁發出「啊」一聲，倒抽一口氣。它是一把和傘——骨架由幾十根纖細的竹子組成，它與和紙的色彩形成美麗對比，眼前的景象瞬間轉變。「這實在太酷了！」我打從心底如此認為。

仔細回想，我從加拿大留學歸國後，領悟到我對於自己的國家有多麼無知。曾有一段時期，我非常熱中欣賞與調查關於日本傳統文化的事物，也因為喜愛日本的民藝品而經常四處收購。要不是曾經處於多元化的環境中，或許自己根本無法察覺日本傳統之美吧。

日吉屋的經營情況非常嚴峻，可說已瀕臨倒閉的地步。我聽完之後，認為若無法再製造這麼棒的工藝品，實在非常可惜。正想著該如何打破困境時，腦海突然靈光一閃，我想製作一個網站，透過網路來銷售和傘。剛好就在這個時期，為推廣市公所的觀光宣傳行銷業務，我正在學習製作網站的入門基礎，因此興起了這個念頭。

非常幸運的是，當時我的弟弟在大學學習資訊科技的技術，以學生創業開始製作網站，經由他的協助，讓日吉屋的網路銷售正式開始。那是一九九七年左右，正好是日本資訊科技泡沫化來臨之前。

接下來的發展，非常令人驚訝。在開設網站後的當月，我們就接到來自東京的和傘訂單。能夠與素未謀面的人有所連結，除了深感網路的威力，同時讓我堅信：「就算是小眾市場，一定也有人正在尋覓這種美麗的工藝品。」

在這過後，訂單量依然持續快速成長。然而，日吉屋卻沒有人會操作電腦，於是我們夫妻倆只能在晚上處理每一筆網路訂單，並且傳真給日吉屋。這樣的模式持續了好一陣子。

我在成立網路銷售之後，同時想嘗試製作和傘，於是妻子的祖母與叔父傳授我和傘的入門知識，我便開始模仿和傘的製作。我本來就喜歡組裝塑膠模型，所以對於繁瑣細微的作業，是屬於絲毫不嫌麻煩類型的人。平時，我以公務員的身分在市公所工作，每逢週末就從和歌山的家裡前往京都，拿著攝影機記錄工匠師傅的工作情況，帶著材料回到和歌山的家裡。每天工作結束後，晚上就熱中於模仿和傘製作，這樣的日子，前後大概持續了三年左右吧。起初，我根本做不出上得了檯面的和傘，但漸漸掌握住訣竅後，已製作出像樣的和傘。於是，我開始認真考慮以這條路為生。

我辭去了穩定的公務員工作，踏上了夕陽產業的工匠師傅之路。不僅我的老家，連妻子的家人都強烈反對。然而，我卻有一股使命感，若自己不去做，一定會失去某種無法取代的珍貴事物。因此，我終究還是離開了和歌山，於二〇〇三年進入日吉屋就職。這一年，身為第四代傳人的岳母突然急病過世，我在同年接下第五代傳人的棒子，年紀尚輕的二十九歲一家之主就此誕生。

最初的失敗——和傘屋轉向照明設計製造的構想

我進入日吉屋就職後，當時多虧網路銷售，年銷售額回升到一千萬日圓左右。儘管如此，我心裡依然對未來的動向感到不安。這是因為在二〇〇二年，我發現網路訂單的成長幅度已開始趨向停滯。

網站成立初期，營業額每個月都呈現倍增成長，經常出現缺貨的情形。因此，我們增聘一名工藝師傅，調整為增加產量的編制。接著，每年的年度營業額都超過前一個年度，持續創下新紀錄。過去門可羅雀的店面也增加了許多顧客，前來洽詢的電子郵件或電話變得相當頻繁。儘管每天一如往常忙碌，在旁觀者看來也是一切順利，但我卻始終認為，這種直線成長的局面無法持久。

提到和傘使用的場面，自然會想到與和服搭配成套。然而，近年來大眾遠離日本傳統服裝的情況越來越顯著，更遑論在雨天中穿著和服又撐和傘，這種習慣已逐漸從大家的生活中消失。另一方面，品質優良的和傘相當持久耐用，加上現代人的使用頻率低，所以只要買一把和傘，幾乎就可以使用一輩子。

請容我在此簡單介紹和傘的製作方法。

一把和傘根據大小不同尺寸，大約會有四十至七十根的竹製傘骨。首先，應將竹子切割成均等並削薄，在固定位置鑿洞穿線，將長骨與短骨製作成為一對。接著以綿線與針將成對的長骨與短骨一根根縫在木製圓筒狀的傘頭上，製成能夠開闔的骨架。

接著，將紙型與手抄和紙重疊並裁切，完成每一個部位。在伸展開的和傘骨架上塗上自家製作的澱粉漿糊，以和紙貼合。乾燥後折疊整理，再塗上顏色與裝飾。接下來，塗抹一層亞麻仁油，此植物油具有防水功能，完成後再日晒使其乾燥。最後再將數個細部零件裝上後即告完成。

以上製作程序的描述文字雖然只有短短幾行，但就像「和傘的製程如傘骨數一樣多」所言，即使是熟練的工匠師傅，從開始到完成，至少也需要一週至數週的時間。特別是日晒容易受到天氣與季節等因素影響，所需日數也會因而增減。

儘管和傘的製作如此耗費時間與勞力，但它在現今屬於非常小眾的商品，顧客再次回頭購買的機率不高，更看不出使用人口有增加的可能，因此發展和傘事業變得相當困難。另外，我自己嘗試使用和傘之後的感想是，它的存在確實美麗且獨一無二，但是與洋傘比較起來又重又占空間，隨身攜帶實在辛苦不便。

「這樣下去沒問題嗎？」儘管我感到些許不安，卻仍持續製作著和傘。不過，就在某一天，我突然浮現一個念頭，有了「和傘難道不能轉為運用在照明器具上嗎？」的點子。我總是把塗好油的和傘，拿去家裡附近的佛寺院內曝晒。有一次，我撐開和傘，不經意發現陽光穿透手抄和紙的傘面，柔和地灑落在傘下，形成了令人既熟悉又溫暖的空間，我為此深受感動。它正是能夠稱為「日本之美」的光之空間。我每天如此貼近和傘，竟然完全沒有發現，原來這種美就在自己身邊。

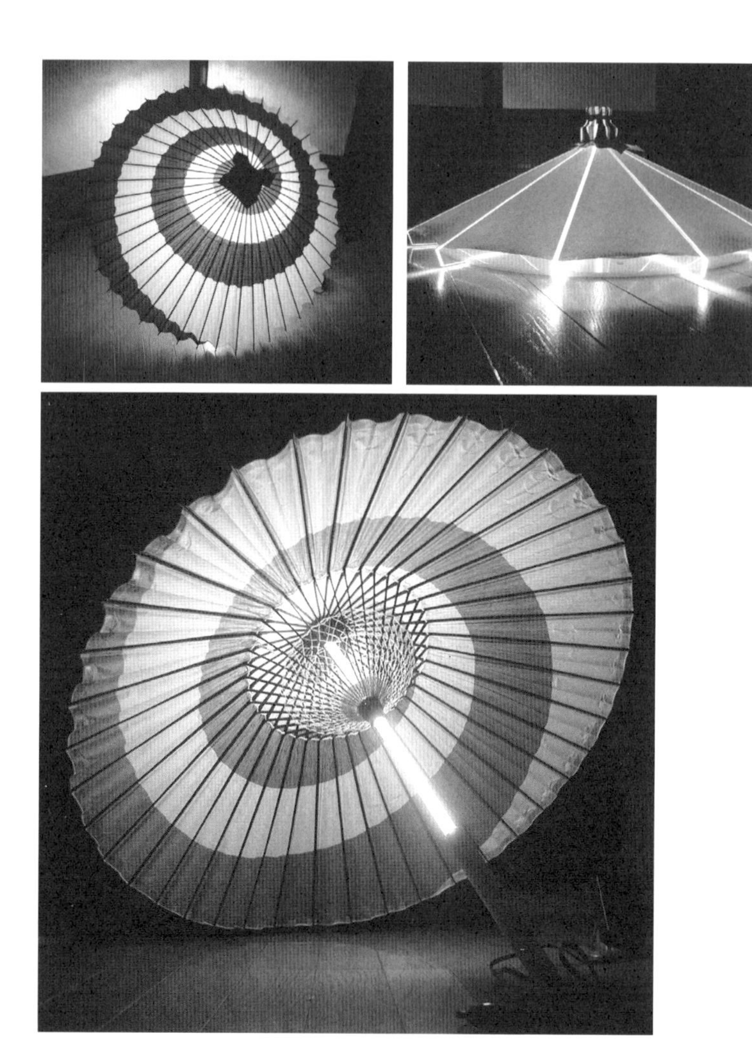

把和傘轉為運用在照明器具的「和傘燈」。

不曉得該說幸還是不幸，京都製作和傘的製造商只剩下日吉屋，已經沒有同業公會了。雖然家人仍抱持懷疑的態度，卻沒有任何人阻止我的新挑戰。

儘管我決定著手製作照明器具，但不論室內配線或產品相關設計，我完全是個門外漢。我前往居家用品量販店，購買簡易夾式檯燈、燈座、開關與電纜線，在一日工作結束後，每天晚上持續在工坊裡嘗試挑戰。

後來，家裡附近一間工坊的照明工藝家協助我。一開始，我們直接按照和傘的形狀去完成產品試作品，當時我自認它看起來相當不錯。但現在回想起來，這正是中小企業容易陷入的「產品導向」（Product out，製造方認為某項產品好，就一味地去生產製造它）迷思，可說是最典型的失敗案例。

二〇〇四年，我嘗試帶著和傘燈試作品參加兩個相關的生活家飾展覽會。不少到場人士都駐足參觀，並且對它的美讚不絕口。然而，我卻沒有得到任何一張訂單。在百思不解的情況下，我把這個問題丟給現場的一位參觀者，結果得到的答案竟然是：

「它相當漂亮，你們的創作意圖也很棒，但我實在想不出它可以用在哪裡。」

的確，把和傘撐開本來就占空間，如果長期擺放陳列，大概只適合選放在旅館或店面來裝飾使用。若放在一般人生活的公寓或平房空間裡，不論尺寸或品味，都非常不適合。我一廂情願地把「給大家瞧瞧和傘的技術」這個主張放在第一位，卻完全沒有站在使用者的立場思考。

借助外部智慧的力量，描繪明確的未來遠景

最後，和傘燈雖然以失敗告終，但實際上，當時還有另外一項計畫正在同時進行。我在和傘燈的試作上吃盡苦頭，走到門外漢製作工藝品的臨界點。於是，我請教一位過去因緣際會下熟識的統籌規畫製作人：島田昭彥先生。他致力於把京都傳統工藝推廣到海外，並且從事振興日本多處地區的專案計畫。

島田先生回答我：「術業有專攻，想吃美味的年糕就要去糕餅店。如果你要製作照明器具，一定得借助照明設計師的力量，否則永遠無法跨出自我感覺良好的領域。」因此，島田先生介紹我一位住在東京的照明設計師長根寬先生。

長根先生在看過我的和傘燈試作品後，同樣露出一臉困惑。他表示：「以和傘的設計完成度而言，每一處都完美得無可挑剔，不愧是歷經千年才形成今日的樣貌。以設計師的角度來看，毫無任何地方需要修改。」不過，長根先生提出其他建議。以照明器具的立場去思考，和傘燈的民藝色彩實在過於強烈，完全不符合現代人追求生活家飾的品味。若是如此，不如澈底擺脫和傘的形狀，乾脆重新開發全新的照明器具。

長根先生大致觀察日吉屋的工坊及和傘的製造情況後便回去了。過了一陣子，在實際著手開發工作之前，長根先生寄了幾頁Ａ４大小的企畫書給我。

我翻開第一頁，首先映入眼簾的是「尋找可能性」這一句話。若要把和傘的魅力與技術運用在其他地方，成為大家在現代生活空間或商業設施中追求的「渴望」商品，為了使商品更好，我們必須著手進行的工作是：

①商品設計；

②製作文宣物品與網站等宣傳行銷媒介；

③利用參加展覽會的機會，概括宣傳工作計畫的各項階段。

令人感到驚訝的是，行銷工作的最後一點為「尋求海外的銷售通路」提案。換句話說，它是一項遠景，藉由海外知名展覽會來獲得成果，取得當地的代理經銷商或銷售據點。

這項參加海外展覽會的「照明設計器具」構想，是我過去在和傘屋中不曾意識到的做法。受到這份企畫書的刺激，我以自己的方式重頭檢視一遍，許多事情因此變得更加鮮明了。比方說，當時日本的照明器具市場，包括電燈泡在內，一年可達五千億日圓規模，它成為國內外各大廠商短兵相接的廝殺戰場。倘若日吉屋想取得一席之地，就只能在唯一的「照明設計器具」領域上決一勝負。在照明設計的世界裡，並非強調節能、價格便宜，或者技術領先等硬體規格，而是追求「美」、「有趣」、「心動」等感性價值層面。和傘屋不能只是利用閒暇時間製作照明器具，必須更認真設計出一流的商品。

再者，像我們這種小型企業針對小眾市場製作的照明設計器具，一開始絕對不可能成為暢銷商品。就算千辛萬苦，努力在日本國內五十個都市設置銷售據點，若每個據點在每月能賣出一至兩件，就已經算成績不錯，也就是一個月最多可賣出一百件商品。換句話說，假設我一個月想賣出一百件商品，那麼只要找到十個國家的銷售據點，就可以達成目標。

為此，我們必須建立一致共識，在商品完成之際，先在日本國內獲得公信認證，以取得「優良設計獎」為目標，確實建立品牌價值。接著，以這項優良評價作為起點，成功參加世界各國採購人員齊聚一堂的照明器具國際展覽會，並決定將我們的商品銷往全球市場。

儘管長根先生的企畫書寫得簡潔扼要，我們卻都清楚未來目標為何，也了解其中的涵義。對我們而言，它是一項重大的契機。我終於察覺到，最初試作的和傘燈，相形之下只不過是個沒有遠景的工藝產物罷了。

善用「市場行銷的構想×企業擁有的優勢」來創新

儘管如此，在完成商品設計的艱辛過程中，我們按照一般做法卻行不通。長根先生最初提案的燈罩是，細長的圓筒造形，有著往下延伸的平滑曲線，整體像喇叭裙一樣的形狀。然而，按照設計圖上的竹骨厚度，我們卻無法順利做出一致的曲線。

在一連串的失敗下，展覽會的日期越來越逼近。雖然我們到最後一刻仍不斷嘗試，但終究還是不得不放棄曲線造型。結果，我們抱著豁出去的心態，只把和紙貼在簡單圓筒形狀的骨架上，就這樣讓它與和傘燈一起展出。

當時，我仍然被困在和傘屋的固定框架裡，完全不認為外觀如昆蟲飼養籠的燈罩哪裡像和傘，絲毫不覺得它的形狀美麗。不過，這猶如昆蟲飼養籠燈罩的試作品在展覽會中亮相後，儘管它的完成度極低，卻抓住了現場參觀者追求「生活家飾的現代摩登感」的目光，前來洽詢的採購人員不在少數。它與和傘燈竟然判如天壤。因此，我們當機立斷，必須完全脫離和傘燈的束縛，於是下定決心鎖定圓筒形狀，並且朝此一方向開發商品。

為了讓昆蟲飼養籠形狀的升級版燈罩組上市販賣，我特別堅持它要像傘一樣開闔。雖然照明設計師長根先生似乎沒想到這項創意，但最終的提案是，能夠開闔的燈罩在收納後體積變得小巧玲瓏，除了運送方便，隨著不同季節也能輕鬆更換。另外，當我們抬頭往上看時，燈罩的竹骨呈現放射狀，令人留下和傘之美的深刻印象。我認為正因充分利用和傘屋的優勢，才能展現它的獨特風貌。

話雖如此，大家費盡心力，思考如何製作出容易開闔，並且又能在展開時保持固定的燈罩，不斷反覆地嘗試錯誤。再加上必須另外特別訂製電燈器具、竹骨，以及傘頭（和傘中間的木製零件部位，其功用為串接與固定傘骨），整合的過程非常艱辛。二〇〇四年，我們正式開發新商品。轉眼之間，兩年的歲月就流逝了。在跨越無數次障礙後，終於在二〇〇六年完成新商品，我們將它命名為「古都里—KOTORI—」。

「古都里」在銷售後，隨即獲得許多媒體報導，因而受到矚目。二〇〇七年，一切正如我們的計畫，榮獲了優良設計獎（特別獎・中小企業廳長官獎）。二〇〇八年，就像按照藍圖規畫的路徑一樣，我們的確參加了國外的展覽會。這次與「產品導向」完全相反，我們構思出符合市場需求的「市場導向」（Market in）創意，以及日吉屋獨具優勢所喚起的「驚喜、感動」，這兩者相輔而行，帶來創新，「古都里」可說已成為極具魅力的原創商品。

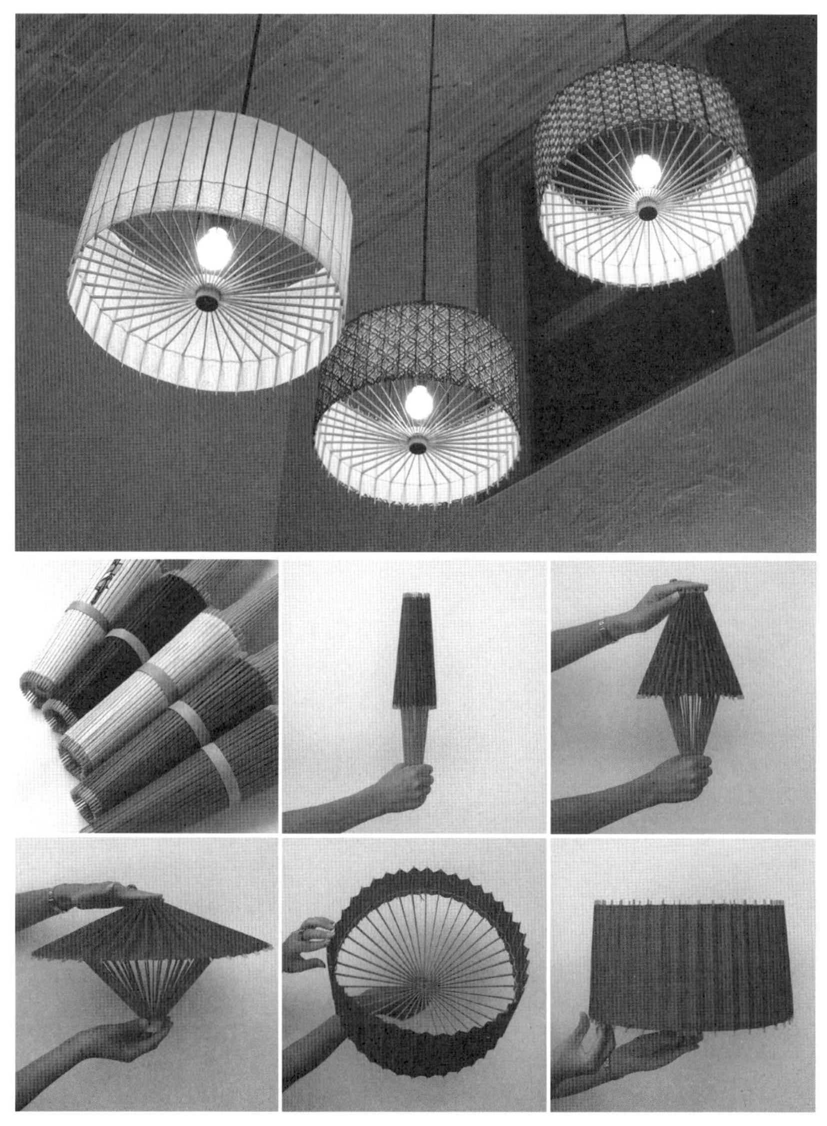

如同和傘一樣能開闔的「古都里—KOTORI—」（Design:Hiroshi Nagane / Produce:Akihiko Shimada / Coordinate:Sayaka Ono）

「古都里」自銷售以來，已歷經十二個年頭，成為長銷商品，目前在世界約十五個國家販售。如果接下來再持續製造幾十年，依然受到大眾喜愛，或許有一天，這項產品也會成為傳統工藝品吧。撐過了時代巨浪，「古都里」保留了日吉屋理想的傳統樣貌。

成為暢銷商品的「古都里—KOTORI—」。

傳統是持續地創新——企業理念的重要性

發現——和傘同樣為進化產業

所謂「傳統」到底為何物？根據日語辭典《廣辭苑》記載解釋：「一個民族、社會或團體，在經過一段漫長歷史，所培養與傳承的信仰、風俗習慣、制度、思想、學問、藝術，可稱之為傳統。」換句話說，「信仰、風俗習慣、制度、思想、學問、藝術」在誕生的那一刻，並不能稱之為傳統。倒不如說，它在一開始構思時，應稱之為「新的」、「創新的」事物，隨著時代的接納與轉變，於是就成為我們所稱的傳統了。

為使傳統永續存在，符合多變的時代，傳統必須不斷地轉變與創新，變得更方便、更美麗、更具魅力。

在此稍加回顧和傘的歷史。據說，日本最初使用傘是在奈良時代，它與佛教、漢字一起由中國傳來日本。一般認為，傘在當時甚至是趨邪除魔與宗教儀式中所使用的道具，傘的頂部有華蓋垂吊，無法開闔，尊貴人士身邊都有隨從幫忙撐傘。

隨著時代前進，傘也一點一滴產生變化。據說，到了室町時代（西元一三三六年）傘才固定轉變成握把型。甚至到了桃山時代（西元一五六八年），才出現開闔式的設計（但關於時代考證有諸多說法）。當傘演變為開闔式後，在攜帶上就更加方便，隨著和紙與竹子的加工技術提升，可說帶給傘的進化一大方向。

進入江戶時代（西元一六〇三年），製作傘骨、組裝、貼和紙、塗飾、上油等製作程序開始轉為分工合作。特別是在稱為元祿文化／町人文化[1]開花結果的時代，連老百姓也把傘當成時髦用品，因此就誕生出更多精心設計的傘了。

當我們如此回顧歷史之後就能察覺，平安時代（西元七九四至一一八五年）有平安時代的使用者，江戶時代有江戶時代的使用者，而每個時代都一定會有追求創新的工

1　元祿文化：指元祿時期（17 世紀末至 18 世紀初）形成的文化，以稱為町人（都市平民，主要指工匠與商人）的社會階層所構成的文化主體，故又稱為町人文化。

2　北原白秋：日本家喻戶曉的詩人與日本童謠作家（1885-1942）。

匠師傅，他們運用創意巧思，不斷努力地使傘升級，製作出順應時代變化並且廣受大眾歡迎的產品。

和傘的衰退及其理由

那麼，和傘為什麼會走到今日衰退這一步呢？提到和傘，似乎許多人就會聯想到江戶時代。事實上，和傘最興盛的時間，其實是在昭和初期（西元一九二六年起）到第二次世界大戰結束初期的這段期間。根據生產量占全國七成以上的岐阜縣記載的資料，在全盛時期，日本全國一年可製造一千七百萬把以上的和傘。北原白秋[2]有一首童謠歌詞寫道：「下起雨了／下起雨了／媽媽帶著／圈圈雨傘來接我／真的好開心啊」，正描寫出那個時代，家家戶戶的玄關都會擺放著一把圓圈圖案的傘。

然而，第二次世界大戰結束，日本人的生活產生相當大的轉變。遍地焦土的日本，

2　北原白秋：日本家喻戶曉的詩人與日本童謠作家（1885-1942）。

在戰爭過後，奇蹟似地完成重建復興工作。此時，歐風美雨也猶如浪潮般席捲而來。戰爭結束後，日本隨即面臨物資嚴重缺乏的問題。相較於洋傘，儘管和傘的材料隨手可得，馬上就能製作完成，需求量看似高漲。不過，隨著日本高度經濟成長期來臨，洋傘很快便奪去了和傘的地位。

不久後，到了一九七〇年代，塑膠傘問世，價格越來越便宜。甚至隨著洋傘的製造轉移到中國，造成日本國內製傘業陷入毀滅的危機，不論是洋傘或和傘，許多製造商相繼倒閉歇業。

我在二十多年前知道日吉屋時，京都市內還有兩間製造商從事和傘製作。在日吉屋的附近有一間茶道世家，經常有穿著和服的婦女前往參加茶會，在三、四十人中，總會看到有一個人撐著和傘。如今製作和傘的製造商只剩下日吉屋，在一整年當中，看到茶道愛好者參加茶會，最多也不過一、兩次左右。

和傘離現代生活越來越遠的原因為何？首先，和傘的重量較重，握把不像洋傘一樣是鉤狀。儘管和傘設計成簡約美麗的外形是沒有握把的一項因素，但是無法掛在手腕上，就騰不出手來做其他事情，實在非常不方便。

再者，和傘有握把朝下放置的規定，如果想從皮包裡拿出物品，和傘放置就成為棘手問題。另外，和紙上油之後的質感非常棒，儘管在使用上的強韌度與防水性十分良好，但是在淋溼的情況下，和紙會變得柔軟，必須避免碰撞尖銳物，因此還是得小心使用。

也就是說，和傘的外形非常美麗，但以現代人的眼光而言，和傘的實用性相當低。

這個問題或許來自於和傘業界本身吧。大家並沒有去挑戰（或者說根本沒辦法），製作出提升實用性的和傘。我認為「『傳統工藝品』不容易使用，那就不要勉強使用在現代生活之中」這種想法是錯誤的。

當然，傳統藝能、佛寺神社或傳統祭典等相關活動，多半有其理由，所以會要求一切事物必須符合「傳統」。然而，除了確實維護自古以來的優良工藝製造，我們同時應盡最大努力，創造出更多能夠自然融入現代生活型態的工藝物品才對。

為此，我們必須採用現代設計、素材與技術。如前面所描述，原本所有的「傳統工藝品」在誕生時都屬於「新商品」，最終才成為普遍的「熟悉親切的商品」。它不過是在時光的流逝中，轉變為「傳統工藝品」的稱呼罷了。

提出有力的企業理念，從「老店」走向「老店創業」

二〇〇六年，我以「古都里」首次登場為契機，提出日吉屋——從「老店」走向「老店創業」——脫胎換骨的目標。期許我們的企業不應該只把老店的傳統當成財產，只是守護古老的優良傳統而已，更應充滿挑戰精神，積極開拓發展創新事業。因此，在會計、業務拓展的方法到公司體制等，儘管一切需要重新規畫，但最重要的是訂出企業理念。因為在過去，日吉屋並沒有把企業理念化為明確的語言。

我提出的企業理念是「傳統是持續地創新」，如今它更是支撐日吉屋最重要的核心思想。自己公司的存在價值在何處，能夠為社會帶來什麼貢獻，這些必須化為明確的語言。我認為最重要的是，員工在每一天都能看到它，並且去思考這些語言的涵義，如此一來才能形成公司文化。「思想」的創造與形成，並非在一朝一夕之間。

歷經十年，我依然持續強調「我們放棄成為只做同一種物品的工匠師傅，並保持不斷開發新商品，以符合時代的老店創業態度」的觀念。因此，我們現在有五位年輕工匠師傅，經常提出各種有趣的創意。另外，我也不厭其煩，經常給不屬於製造部門的業務、行銷與設計部門的工作人員相同的觀念。例如：我們與位於大阪的廚房用品製造商共同開發商品，以傘的開闔原理，打造收納籃「盛開」（Bloom）。它就是由我與一位承辦的業務員，從聽取意見、開發到製作結束，一起完成的商品。

與時裝設計師跨界合作的傘形面紗

能夠開闔的收納籃「盛開」（Bloom）

我們透過奠定創作工坊的形象，同樣吸引不少風格獨特的委託例子。比方說，我們接受時尚服裝設計師桂由美女士的委託，以跨界合作夥伴的身分，在巴黎高級訂製服時裝週中推出了傘型的裙子與面紗。另外，茶道家木村宗慎先生與建築家矢島一裕先生，為世界茶葉祭典活動所企畫的實驗性質茶室「傘庵」，也是由我們負責施工。

為了面對這些創新的工藝製造挑戰，我經常提醒大家：「不要輕易說自己辦不到。」千萬別在一開始就斷言自己做不到。總之，應該先試著去挑戰，思考一切可行做法。如此才能克服艱難與失敗，持續累積經驗，讓自己成長，使周圍的人刮目相看，並且期待：「我們委託你們，或許能夠誕生出嶄新獨特的成品。」為打造品牌加分，進而轉為契機，吸引更多特別的委託。

若能夠透過這些挑戰，創造出新的熱門商品，向各領域的工匠師傅委託工作，不僅侷限於京都，甚至能夠協助提升全國的傳統產業，主動承擔重任，如此才是老店創業的真正價值。

實驗茶室「傘庵」。

在海外展覽會學到的事情——日吉屋方法的萌芽

取得官方支援，首次參加海外巴黎與法蘭克福的展覽會

日吉屋第一次的海外展覽會在二〇〇八年一月，我們參加了法國巴黎國際家飾用品展「Maison & Objet」。它在法國巴黎的郊外舉行，是世界最大型的家飾用品展覽會。

二〇〇四年起，日本中小企業廳[3]啟動一項專案，創辦了「日本品牌育成支援事業」計畫，與各地區提供支援的機關合作，運用地區獨特的魅力與傳統，並且協助地方生產製造的商品開拓到海外市場。在京都，由京都商工會議所[4]為召集執行單位，以「京都 premium」的名義，協助許多製造商參加法國巴黎國際家飾用品展，日吉屋也挑戰參加公開甄選而順利錄取。這次公開甄選一共有十間製造商一起參展，條件是只要繳交參加費，不論是旅程的整體規畫或會場布置，皆有專人為大家處理。由於這是我們第一次去海外參展，完全不清楚該準備什麼，因此對我來說，真是一項值得感謝的

3　中小企業廳：日本行政機關之一，屬於經濟產業省（功能接近台灣的經濟部）。

4　京都商工會議所：以改善、發展工商業為目的，由京都市的工商業者所組成的公益經濟團體。

措施。接著，在巴黎展覽會過後的隔月，日吉屋又參加了德國法蘭克福舉行的世界最大生活家飾與雜貨展覽會——法蘭克福國際消費品展「Ambiente」。這是在經濟產業省的主導下，培養設計品牌創業，輸出到海外的一項支援專案「sozo_com」，從日本全國申請參加的製造商中，選出大約五十間的企業參展。

我們參加這些官方支援事業能夠申請過關，其中獨立行政法人中小企業基盤整備機構等諮詢窗口，也給我們許多有幫助的建議，例如：如何製作申請書等。另外，我們在前一年二〇〇七年榮獲「優良設計獎」，對於通過審核來說，或許占了一大優勢。

在海外當地的領悟，以及意外降臨的機會

雖然我們在短期內連續兩次赴海外參展，但是在去過之後才明白，我們只是展示與日本相同的產品，實際上卻沒有透過商談爭取到任何訂單。難得的海外展覽會，最終

僅淪為市場測試而已。

首先，在用電方面，外國與日本採用不同的電壓系統。日本國內家庭用的電壓為一百伏特，歐洲以兩百二十伏特為主。因此，日本的照明器具無法直接在歐洲使用。就算有歐洲的採購人員想採購「古都里」，但如果對他們說：「請你們自己準備專用電線與燈座。」一定不會有人想和我們做生意吧。

甚至，實際銷售於市面上的商品，也必須遵照歐洲獨立的CE安全規格。另外，由於居住環境與文化不同，日本與國外對照明上的要求也大相逕庭。在「法國巴黎國際家飾用品展」與「法蘭克福國際消費品展」中，前來參觀的採購人員皆異口同聲表示，產品有「尺寸太小」、「太亮」這兩個問題。

歐洲建築的內部空間普遍寬廣，天花板也高，就某種程度來說，照明器具的用途也是一種室內裝飾品。另外，歐洲並沒有像日本一樣，使用裝在天花板就能夠照到每個角落的吸頂燈（ceiling light）。他們反而喜歡在天花板、牆壁、桌上裝置多個間接照明，偏好在微暗空間中的光線氣氛。日本人普遍認為「光線不亮對眼睛不好」，所以明亮的照明器具廣受大眾青睞。另外，在日本還有一種同樣令人熟悉、由兩個一百瓦燈泡組合的雙燈式燈具，在歐洲人的眼中同樣不具美感。

結果，不論在「法國巴黎國際家飾用品展」或「法蘭克福國際消費品展」，儘管「古都里」充滿獨特風格的美麗燈罩，吸引了許多採購人員或媒體的目光，也交換了不少名片，卻沒有進一步討論上市銷售的合作可能性。因此，我確實學習到一件事：若要開拓海外市場，必須考慮當地的文化與需求，製造出在地化的產品。

然而，我們在德國獲得了出乎意料的好運氣。為了參加「法蘭克福國際消費品展」，妻子與當時年僅三歲的女兒與我一起同行。當天抵達會場時，我推著嬰兒車，尋找辦公大樓內的託兒所。（題外話：法蘭克福國際展覽會場備有專業幼保人員的託兒所，參展廠商與觀展人員可免費使用。如此周全的規畫令人雙眼為之一亮，讓人感受到德國人做事的風範。）

我找不到託兒所而不停東張西望。突然，有一位紅髮女性見狀問道：「發生了什麼事呢？」我描述情況後，這位女性神色自若，主動帶著我去託兒所。我道謝完隨即離開，便回到自己的攤位。不久後，我看見剛才這一位好心帶路的紅髮女性身邊圍著五、六人，雖然還沒走到我的攤位上，她似乎已發現到我的存在。

「啊？剛才我們見過吧。你也是參展人員嗎？」她說。

實際上，這位紅髮女性是「法蘭克福國際消費品展」主辦公司的副社長。她停在展區前，仔細看著「古都里」，充滿好奇地聽著我的介紹。接著，令人驚喜的事發生了。副社長邀請我參加她們公司在夏天舉行的展覽會「Tendence」，「古都里」在備受矚目的年輕設計師與製造商中特別被挑選出來，並於展區「Next」獨立展出。這和過去與多個日本製造商並排在一起、共同使用一個攤位展出的情況完全不同。雖說所有的偶然都是一種必然，但是我回想起這一段相遇的緣分，彷彿在冥冥之中，似乎有什麼在牽引著，至今依舊感到不可思議。

第一次的交易經驗

在第三次參加海外展覽會「Tendence」，我們列出過去兩次參展的缺失，並且下工夫逐一改善。首先，針對採購人員點出產品「尺寸太小」、「太亮」的問題，我們準備好完成改良的商品。

接著，為了能在瞬間吸引現場參觀者的興趣，展現自我個性也相當重要。從過去到現在，歐洲人非常喜愛黑澤明導演的電影，而多年前，湯姆克魯斯主演的電影《末代武士》也相當受到歡迎。因此，我身著和服，把頭髮束於後方，以「摩登武士」造型於展覽會中登場。

另外，除了價目表與商談內容記錄表，我們也為媒體特別準備新聞資料袋（press kit，這份資料主要提供給媒體記者，以英文與圖片等資料彙整製成）。其實應該在第一次參展時就準備好這份資料，然而，當時的我們毫無經驗，完全不清楚這些細節，都是在一一碰壁之後，才開始學習到這些事情。

展覽會正式揭開序幕，日吉屋在「Tendence」展區受到相當大的矚目。「Tendence」展區就像「媒體記者參訪團」的重點區域一樣，設置在廣大的主要展覽會場裡。主辦單位會事先精挑細選值得參觀的設計師或製造商，使媒體記者進行採訪時更有效率。媒體記者參訪團的負責人對日吉屋的攤位非常有興趣，因此排進了採訪行程裡。託他的福，一天約有二十至三十位記者探訪，在他們面前，彷彿像召開迷你記者會一樣，我也體驗了如此難得的簡報機會。

接著最重要的是，正如本章標題，我們完成了第一次在海外的成功交易。其中一間是德國的照明器具製造商Z公司。當時，我們的照明器具尚未變更成符合歐洲CE安全規格，但是Z公司卻表示：「我們負責生產符合日吉屋使用的照明器具，你們只要供應燈罩給我們就可以了。」對我們來說，這真是求之不得的事情。

另外還有一間公司，希望能夠成為代理經銷商，在瑞士販賣我們的商品。透過這些成功的交易，成為日吉屋進軍歐洲市場最初的起點。

上：2008 年參加 Tendence 展覽會。
下：2008 年參加法蘭克福國際消費品展。

上：與德國照明器具製造商的社長在展示區前合影。
下：代理經銷商在展示區的陳列。

確立「Next Market in」方法的過程

榮獲iF產品設計獎而誕生「MOTO」的經過

我們參加海外展覽會，除了媒體記者與採購人員，甚至還吸引了國外的設計師。在日吉屋裡有一款名為「蝴蝶」（Butterfly）的特別訂製商品，設計此作品的設計師是格斯納先生（Joerg Gessner），他在法蘭克福國際消費品展上看到了「古都里」，因而產生興趣，於是在展覽會結束後訪問日本京都。

具有和紙知識的格斯納先生與越前和紙的製造商交流，並且獨自一人來我們公司的工坊參觀，他回國數月之後，寄送了「蝴蝶」的設計企畫案給我。

格斯納先生設計的燈罩形狀，就像蝴蝶的翅膀一樣，以上下對稱的圓錐形燈罩相疊而成，並且能夠伸展開闔。日本的設計師看過後，表示太過於奇特，想不出為何如此設計。然而，我們將它實際製作出來，展示在歐洲的展覽會上，它的評價反而比「古都里」還要好。我問了許多不同人的看法，有人表示：「它完美地融合了日本與歐洲的精髓。」不過，身為日本人，我對於「蝴蝶」哪裡潛藏著歐洲的精髓，老實說，至今仍無法完全領悟。

所謂設計，畢竟是從一個人生長的國家文化及累積的生活習慣中所展現出的創意，背景不同的人就算能夠模仿作品的表層，卻無法在一朝一夕之間完全理解作品中累積的深層意義。

我心中有一個想法越來越深刻：日吉屋就像個擔起傳統重任的中堅分子，若能採用海外人士的觀點，也許就能夠融合兩國的精髓，完成「僅靠日本人或外國人都做不到的事情」。

繼二〇〇八年正式赴歐洲發展之後，日吉屋在二〇〇九年第一次參加北美的展覽會。這是日本貿易振興機構（JETRO）以「JAPAN by Design」為主題，於美國「紐約國際當代家具家飾展」（ICFF）的展覽會，我們是入選參加日本館的其中一間製造商。

相較於歐洲對「古都里」燈罩之美的親切歡迎，北美的反應有些許不同。目前北美對日本手工藝品的價值有相當高的評價，儘管如此，當時卻感受不到這種氣氛。

透過瑞士代理經銷商的介紹，我們順利與北美最大的生活雜貨代理經銷商進行商談。然而，他們提出不同的意見：「燈罩能夠開闔這一點相當有趣，不過以紙與竹子製成的照明器具，我們認為手工藝品的色彩過於濃烈。你們是否能以現代感的材質，製作稍微具有工業風格的商品呢？」

日本貿易振興機構有一項事業——輸出有望案件支援事業。這項專案主要協助有潛力出口到海外發展事業的製造商。在這項事業的專家草野信明先生的介紹之下，我向一位設計師三宅一成（Miyake Kazushige）先生諮詢，他曾經負責設計無印良品等品牌，風格簡約且摩登時尚。二〇〇九年的下半年，我們採用三宅先生的設計，並且融入日吉屋的想法，開始試作新商品。在不斷嘗試錯誤之下，二〇一〇年終於誕生了

德國設計師所設計的特別訂製商品「蝴蝶」

「MOTO」。它與「古都里」不同，特徵是沒有貼上和紙或竹子，外框骨架使用鋼與ABS樹脂材質。它有一項機關為不鏽鋼環，可藉由手動操作使其升降，還能夠自由改變外框的開闔與形狀。

「MOTO」在義大利文中是「動」的意思，它於二〇一〇年獲得優良設計獎，並且又於二〇一一年榮獲了可說是世界上最具權威的一項設計獎——iF產品設計獎（德國）。在業界中，像日吉屋這種小製造商能夠獲得如此殊榮，實在是相當罕見。我回想一路走來的每一步，心中真是感慨萬千。

藉由全球在地化開創新市場

目前，日吉屋的整體營收之中，有四成為和傘，其餘六成為照明器具。而照明器具的營收之中，平均約有三成的業績來自海外。

「MOTO」榮獲 iF 產品設計獎。

就像前面所提，我們在二〇〇八年成功赴海外發展，德國的照明器具製造商Z公司為我們提供燈罩裡電線與燈座的製造。由於那段時期缺乏專業知識，我們對此非常感謝。不過，在不久之後，我開始在意工作效率不佳與產品性能不足的問題，因此停止了對Z公司的依賴。我們的公司開始自行生產國外專用的燈罩零件，直到目前仍持續進行。我認為，如果把照明設計當成我們的一項招牌，那就必須下定決心，承擔一切責任，努力完成每一項工作。

我們在二〇〇四年經歷了「產品導向」的失敗經驗——製造方認為某項產品好，就一味地去生產製造它。到了二〇〇六年，我們與外部專家攜手合作，意識到市場需求，以工藝製造的「市場導向」，成功開創「古都里」。再到了二〇一〇年之後，我們在這段期間配合海外市場的喜好，開發全球在地化的商品，日吉屋一點一滴完成蛻變。由於銷售網路遍及世界約十五個國家，因此不論是採購人員、設計師及其整個網絡都變得更加完善。與過去相比，實在不可同日而語。

我想藉由這些方法，協助正在摸索的企業，就像過去的日吉屋一樣，能夠尋求突破。因此，我在二〇一二年成立TCI研究所。換句話說，TCI研究所可說是我奮鬥的這十年裡，回顧一路上的艱辛困苦，累積而成的智慧。

TCI的命名，源自於英語「Tradition Continuing Innovation」的縮寫，也就是我們公司的企業理念——「傳統是持續地創新」。目前，TCI研究所擁有堅強的陣容，包括活躍於日本、法國、德國與瑞士等國家的設計師，還有多國經驗豐富的顧問，以及協助各企業赴海外發展的支援計畫，提供諮詢並舉辦研討會。在這六年裡，我們一共協助超過一百三十間企業開拓海外銷售通路，成功的實例也陸續誕生。

進化的任務——從「日吉屋方法」到「Next Market in」

TCI研究所之所以擴大協助其他中小企業，與前日本貿易振興機構紐約所長横田挑選，從助理開始按步就班學習，在下一個年度就能成為新的ＪＢＰ，負責其他海外專案。如此一來，我們可以計算出，從第一年開始經過八年後，ＪＢＰ的倍數增長預計超過一百人，能夠協助的企業間數也將突破三千大關。而協助的業種得視ＪＢＰ擁有的專業知識與經驗而定，從生活家飾、餐飲、流行服飾到影音數位內容等項目，涵蓋範圍十分廣泛。

ＴＣＩ研究所為了實現這項計畫，希望過去一路累積「Next Market in」的方法能夠普及，所以致力於將它化成淺顯易懂的語言。這本書籍正是在這些努力過程中所誕生的一項產物。

在我們協助的企業當中，充滿了各式各樣的人物。包括來自夕陽產業、沒有工作可做、沒有接班人，甚至有人質疑自己數十年的努力毫無意義或價值。有人一臉憂愁前來諮詢，但透過ＴＣＩ研究所的各項活動計畫，創造了暢銷商品，後來整個人產生相當大的轉變。甚至還有一個例子——歐洲的創作人把其中一位受大家歡迎的人稱為「傳奇」。我非常期待，今後這樣的人能夠不斷增加。

我二十九歲進入日吉屋就職，不曾想過自己能像現在一樣協助大家。當時，每天為了努力做好當下的工作，感到充實快樂，當然也經常被工作追著跑。然而，我迎接了四十歲，跨過人生的折返點。一想到接下來還能活力十足地工作，最多也不過再二十年的時光，心中另一個挑戰的念頭就更加強烈，希望再往上一層，創造更高的價值。

我認為除了京都，若能夠把這些做法推廣到日本全國各地，善用日吉屋累積的專業知識，就可以賺取外匯、增加工作機會，珍貴的技術也得以傳承下去。正所謂達到製造商、中間業者、消費者、行政單位機關（地方、國家）「四方皆贏」的目標。

為此，我把過去累積的專業知識公開分享，開放給大家靈活運用。如此一來，隨著前往海外發展的夥伴不斷增加，彼此之間能夠切磋琢磨，我們的方法一定會持續升級，變得更加完善。

把不為所知的日本寶物帶往世界

接著，我試著思考，日本傳統工藝界若採用「Next Market in」方法，其發展性能夠擴大到什麼程度。

時代的潮流趨向全球化思考與全球化發展，在物質與資訊過盛之中，想要保持競爭力，成為大家的選擇，絕非一件簡單的事情。然而，以我的角度去看，日本還有許多與世隔絕的「好物」尚未被世界發現。

根據聯合國世界旅遊組織（UNWTO）公布的「世界旅遊排行榜」，它統計了該國家的總觀光人數，日本在二〇一五年的成績是第十六名。日本舉國上下都在為觀光行銷盡心盡力，這兩、三年訪日的觀光人數雖然增加，但以排行名次來看，與第一名法國、第二名美國，以及第三名的西班牙相比，我們不得不說入境人數還是太少。

我到國外出差時，仔細觀察這些國家的電視、報章雜誌，鮮少發現有日本的報導。

觀察網路世界，英語與中文占絕對多數，日語的資訊量比阿拉伯語與葡萄牙語的排行名次還低。況且，會瀏覽日文網站的人，大概都是居住在日本的日本人吧。

如果只接觸日本國內媒體資訊，大家或許以為「Cool Japan」[6]或「Made in JAPAN」似乎非常受到世界矚目，獲得許多國外人士讚賞。然而，我去了許多國家之後發現，到目前為止，這種現象只不過占了極小部分。

不過，也因為情況如此，日本工藝製造中小企業仍有相當多的海外發展空間。

日本雖然擁有世界屈指可數的先進科技，但在另一方面，經營百年以上的企業也超過了兩萬間。儘管手工業逐漸衰退，但在先進國家裡，大概鮮少有國家能像日本一樣，還有那麼多手工業仍存活著。根據韓國銀行的調查資料，在世界上創業兩百年以上的企業，一共有五千五百八十六間，當中日本企業占了一半以上。

其中最主要的理由，或許是在日本的文化中，人們非常重視創業的先人，並且遵守

6 Cool Japan：日本政府於 2010 年 6 月於經濟產業省設置 Cool Japan 室，主要目的是將日本文化、產業往海外推銷，並且培養相關人才。2013 年 11 月，日本成立官民基金「Cool Japan 機構」，協助企業至海外發展。

代代相傳的傳統吧。此外，日本人的工作態度謹慎細心，對產品吹毛求疵，總會狂熱地將提升技術視為一種美德，特別是在工匠師傅身上能看到這種特質。

在日本，從某種角度來看，大家將這一切視為「理所當然」。但若踏出日本以外的地方，它就不是理所當然的事情，反而會成為一種少數的價值觀。在如此特異的價值觀之下，日本人提供的商品、服務與技術層次，絕非外人所能模仿，其中將這些發揮到極致的，就是至今仍持續經營的日本「老店」吧。

期盼二〇二〇年的東京奧林匹克運動會能夠成為一項契機，讓全世界認識尚未發現的日本傳統技術，對高水準的工藝製造發出讚嘆聲。這些來自世界各地的人們將齊聚一堂，透過社群媒體網站不斷發布這些資訊，進而讓更多人興起「想在日常生活中使用這些日本商品」的念頭。屆時，我們這些擔起傳統工藝品的中堅分子，該如何找出尚未發現的創意，能否製造成符合現代生活並提供給全世界人們使用的工藝品，將成為當務之急吧。

日吉屋能做到的事情，所有的中小企業都做得到

首先，從零資金的情況下開始

讀到這裡，一定會有讀者認為：「日吉屋是特殊且受到大家眷顧的例子。」不過，我的想法是：「日吉屋能做到的事情，所有的中小企業都做得到。」能夠說得如此斬釘截鐵的原因在於，當初完全沒有資金、人脈或商品開發的專業知識，我們正是在這種情況下開始起步。

當時，我進入日吉屋就職，儘管財務已脫離泥沼，但是年營業額也只不過一千萬日圓。上一代的負債金額不少，不過我們仍按時還款。我興起把和傘轉為運用在照明器具上的念頭，去了一趟金融機構，申請開發資金所需要的貸款。結果，竟然連區區一、兩百萬日圓的融資都遭到拒絕。也就是說，我們被打上了「這間公司遲早倒閉」

所有的商業經營皆由「人」創造

關於人脈也是相同的情況。起初，我們根本不認識任何設計師或統籌規畫製作人。為了商品開發去找統籌規畫製作人島田昭彥先生，也是由於過去剛好在一場異業交流會上，與島田先生交換了名片，才有這個機會。當時，我才剛進入日吉屋工作，只想著「在全世界賣和傘」這種不切實際的野心，不論遠景或方向，一切都沒有明確的決定。因此，我帶著「不知道有什麼好康」的心情，經常去異業交流會上一窺究竟。

然而，一旦確立了自己應當前進的方向，就沒有必要再去這類場合盲目地追求人脈。透過島田先生介紹，我們認識長根先生，一起完成「古都里」，參加國內外的展覽會。自然而然地，一段相遇會召喚另一段相遇，緣分的串聯就越擴越大了。

我想強調的是，當這種緣分在不斷擴大的階段過程中，讓對方相信我們的人品，以及分享經營理念，是相當重要的。所有商業經營的基礎，都建立在人與人之間的關係上。無論在國內也好、海外也罷，無論英語是否說得流利，這一點永遠不會改變。因此，我經常積極與客戶或相關人士一起用餐或小酌，彼此往來時敞開心胸，這些都是我相當重視的事情。倘若凡事公事公辦，把工作與人際往來清楚切割，彼此的關係就不會變得緊密。正因為真誠對話，與有溫度的人往來，才能讓商業經營持續成長。

要成功將日本傳統技術銷往世界，並沒有所謂的特效藥。我認為，這一切都得視主導成敗的人而定，到底擁有多少熱忱，能否努力堅持到底。領導者一個人能做的事情有限，必須思考：如何引導公司內外每一分子，對計畫產生熱情與堅持，進而邁向成功。

無論如何，自己的公司必須擁有外人無法模仿、獨一無二的商品與技術，若能在這方面擁有自信，即使是小眾市場與少數的消費族群，只要他們理解這些商品與技術的魅力，接下來我們僅需設定目標，運用正確方法吸引這些消費者即可。為此，我們訂出前導角色指引方向，即使在黑暗之中，也能讓大家找到遠方的顧客，我們必須讓自己的存在，化為最閃耀的一道光芒。傾注自己所有的人品道德，提出最高的目標與理念，全心全意去感動世界：「我們在這裡，竭盡全力證明自己的存在。」

第2章

前往海外發展之前的準備工作

首先尋找自己公司的可能性

仔細找出自己公司的存在價值

在第二章裡，我想讓大家了解，如何參考日吉屋善用「Next Market in」的方法，運用在其他的工藝製造企業。在前一章裡，我提到「日吉屋能做到的事情，所有的中小企業都做得到」。我把平時在TCI研究所的諮商與研討會的所有內容，都彙集整理在本書中。若能以此協助大家，讓一個、甚至多個品牌振翅高飛，從日本躍向世界舞台，對我來說，就是再喜悅不過的事了。

如果立志朝海外發展，首先要進行的工作就是經營盤點作業。這項工作並不只侷限於傳統工藝的世界。無論任何業種，若您的公司需要突破僵局，姑且不論是否進軍世界舞台，首先，必須澈底重新檢視自己公司的價值。您的公司擁有的核心競爭力（優勢）是什麼？您的公司於社會的存在價值又在哪裡？

舉例來說，日吉屋的價值就在於它是「京都現存唯一擁有製造和傘技術的工坊」。也就是日吉屋能夠別出心裁，運用竹子的骨架，製作折疊自如的和傘結構，與手抄和紙組合，完成一把和傘，並且提供給大眾。同時，從江戶時代持續至今的歷史，也成為我們的另一項優勢。然而，我們觀察現今的情況，在日本國內，本來就面臨人口減少與高齡化的問題，再隨著生活型態轉變，大眾遠離日本傳統服裝的情況越來越顯著。我們清楚一件事實，如果只靠傳統和傘，今後能夠提供給社會的價值只會越來越小。因此，我們決定打造「古都里」，並在世界各地銷售販賣。

重新檢視並確認自己公司的核心競爭力，掌握公司的現狀，了解公司處於什麼位置。接下來，必須釐清企業理念與工藝製造的概念。商品的開發則在這之後再著手進行即可。

在此稍微離題。和傘的分類中，有一種品項稱為「番傘」。番傘的「番」這個字，就像日文中「番菜」或「番茶」也使用相同的字一樣，它涵蓋了「日常使用、一般普遍」的意義。也就是說，番傘正是老百姓在日常生活中所使用的傘具。然而此時此刻，它的存在卻早已化成如瀕臨絕種的保護對象一般。

不過，我們試著去解析「傘」的存在，除了雨天或遮陽時使用，傘應該還有其他功能。在遠古的奈良時代，傘是趨邪除魔與宗教儀式中所使用的道具。時代轉變至今，在一般公寓客廳裡，包覆著燈泡的「古都里」也可稱為傘。對我來說，「古都里」正是現代番傘的一種象徵代表。

思考每一個步驟，拉近現狀與理想間的差距

在前一章裡，我提到開始開發「古都里」的插曲。多虧照明設計師長根寬先生的企

畫書，我們得以接觸這份藍圖的描繪過程，打開進軍世界的眼界。我們再次整理這份藍圖，條列出以下的步驟。相信看了它的描述，便能一目瞭然，在理想與現實之間，有什麼樣的差距與狀況阻擋在眼前，以及該如何依序克服這些課題。

①尋找可能性

掌握現狀，澈底找出能力所及與能力以外的事情。

應克服的課題　明確宣布挑戰海外事業的意願，調整公司內部體制。

②活用和傘技術，讓照明設計走向專業化

運用日吉屋獨一無二的技術，開發利基市場上尚未存在的照明設計。

應克服的課題　借助外部優秀設計人才的力量，完成令人讚嘆——能夠回溯和傘根源——的美麗設計。

③**營業方針**

思考如何把傳統工藝的美好融入生活之中，鎖定以經濟中間等級以上的階層為目標。然而，如果負責商品銷售的店鋪，每個月只能賣出一到兩個利基商品，那麼就必須再繼續增加銷售店鋪的間數。比方說，如果能把店鋪銷售網絡擴大到全國的縣廳所在地，以五十間店鋪來計算，每間店鋪乘二，就等於每個月一共能賣出一百個利基商品。

應克服的課題　獲得國內的「公信認證」，例如：榮獲優良設計獎。

④**進軍海外市場，發展全球利基**

參加設計相關展覽會並展出商品，開拓代理經銷商。若一個國家每個月能夠銷售一百件商品，十個國家每個月就能達到一千件商品。

應克服的課題　因應需求，在商品開發時，應參考國外採購人員的意見，調整為適合當地市場的在地化商品。

⑤打造品牌的方針

努力將照明設計的附加價值提升到最大。

再進一步把主要市場——歐洲——的優良評價與實際成果，擴散到包括日本在內的亞洲、北美、中東等地，以及其他國家／地區。

應克服的課題　提高國內外的媒體知名度，以日吉屋獨一無二、充滿魅力的品牌故事為訴求。

當時，日吉屋好不容易踏進照明設計的領域，如果以足球選手比喻，就像尚未認真踢到球的情況一般，不過若在日本甲組職業足球聯賽中勝出，接著就能繼續把目標放在參加世界盃足球賽。

若能設定終點目標並朝向它，具體看清楚每一道必須突破的障礙，縱然它的計畫再遠大，也不會淪為只是有勇無謀的夢想故事。因此，為了我們訂出的目標，今年與明年該做什麼，都必須具體明確化，這是相當重要的工作。如果只是不切實際地想著「要是能在哪一天去做就好了」，這種人只會每天被工作追著跑，什麼事都做不成，最後肯定會以失敗告終吧。

我們確立了長遠的目標，以工匠師傅、設計師、統籌規畫製作人等公司內、外部等人員組成的團隊，就像足球開場踢球般，奮力地推展這項開發計畫。

目標是成為「全球利基市場的第一名」

何處能使您的公司成為「世界上唯一僅有」

許多事物與資訊日趨全球化，並且在世界中快速穿梭。在這之中，我認為今後的工藝製造價值就在於——挑戰沒有人做過的事。倘若在人事成本高的日本，刻意從事誰都做得到的事情，到底還具有多少意義呢？因此，我們應該把目標鎖定在「世界上唯一僅有」或「具有絕對優勢的創造力」。

這些話並不是要您的公司產品成為「諾貝爾獎等級的發明」、「專利技術」或「榮獲世界肯定的藝術價值」才能進軍海外市場。而是您的公司是否能尋獲零競爭或者尚未開發的利基產品類型，接著將它訴求於對這些產品有興趣的客群身上。若能如此，您的公司就能以這些利基產品掌握市占率，成為該類型的全球市占率第一名。

近來，中小企業鎖定這種利基的領域，因應顧客特殊需求與嗜好，提供高附加價值的商品，在國內外獲得成功。這種中小企業稱為「全球利基型頂尖企業」（Global Niche Top enterprise）。

二〇一四年，日本經濟產業省公布「全球利基型頂尖企業一百選」，我們去看詳細內容就能發現，其中大多數企業仍為機械、電子相關的「B to B」（企業與企業交易）類型。不過就在今後，我認為即使像日吉屋這類小型製造商，也能夠以極具設計感的商品賺取消費財[7]，經營「B to B」到「B to C」（企業直接與顧客交易）的商業交易模式，十分有機會躍升為全球利基型頂尖企業。

舉例來說，從「照明器具」這一大項目來看，在世界上數不清的照明器具大小製造商中，日吉屋照明器具的市占率僅在千萬分之一以下。然而，若以「像和傘一樣開闔的傳統工藝照明設計」的類型來看，日吉屋在世界上幾乎是獨一無二。另外，即便是大企業不以為意的利基市場規模，就全球市場而言，也有不容小覷的顧客人數。

7 消費財：指直接滿足消費者購買欲望的支出。

何謂「傳統工藝照明設計」利基市場的客層（也就是目標客層）？這群人的特質是，如果能感受到商品設計與品牌故事的獨一無二魅力，就算高達十萬或百萬日圓，他們也會毫不猶豫地選擇擁有它。反之，如果感受不到商品的任何魅力，即使只要一塊錢就能到手，他們依然興趣缺缺。換句話說，沒有競爭對手的代價是，該如何以及能不能向這些有所堅持的目標客層展現極具魅力的商品，將成為一決勝負的關鍵。

比方說，您公司製造的商品，在一萬人裡只有一個人對它心動，如果能讓這一人狂熱地表示「好想要」這項商品，我們放眼望向全世界七十億的人口，大概就會有七十萬的潛在顧客了。

一千日圓的商品薄利多銷賣給十萬人會有一億日圓的營業額，十萬日圓的商品賣給一千名熱中的顧客也是一億日圓的營業額，以銷售結果而言是相同的數字。因此，我們可以肯定，奮而不懈的中小企業在利基市場中發揮強烈的存在感，提供高附加價值的商品，就能以有限的資源開創出一條前進的道路。

進軍歐洲市場，期待J Turn[8]、U Turn[9]效果

那麼，像日吉屋這種工藝製造企業，若要取得全球利基型頂尖企業的一席地位，首先應該以哪個市場為目標呢？我認為是歐洲市場。

第一項理由是「全球通用的標準規格」。畢竟要在消費財中制定全球標準規格，主要還是優先考慮擁有歐洲文明根源的歐洲各國。如果能夠製造出適合歐洲的商品，之後往其他地區發展也會變得容易許多。

第二項理由是歐洲的高所得國家較多。根據二〇一六年國際貨幣基金組織（IMF）統計，觀察人均購買力平價（Purchasing Power Parity, PPP）GDP排行榜，以盧森堡、挪威、愛爾蘭為首，西歐一共有十五個國家排行都在日本之上，國名一整排相連。

傳統工藝品運用日本傳統技術，在日本國內進行製造。但不論它的最終成品為何，一定得讓它成為高級品。比方說，日吉屋的「古都里」至今仍靠著工匠師傅手工製

8 J Turn：在日本原來指從地方市鎮移居到大都市。本文中指工藝品牌從日本輸出到歐洲，獲得成功後，再繼續擴大輸出到北美、中東與亞洲市場。

9 J Turn：在日本原來指從地方市鎮移居到大都市，再從大都市移居回到地方市鎮。本文中指工藝品牌在海外獲得成功，因熱烈的反應與評價傳回日本，使該工藝品牌得以回到日本銷售。

作。同樣是完成一件作品，古都里與費時一至數週的和傘不同。儘管古都里使用木模型與金屬模具，讓製程更有效率，但就算是熟練的工匠師傅一天也只能製作四個，步調依然偏向緩慢。更何況一旦在海外銷售，還得追加日本國內售價以外的各項費用。因此，我們必須鎖定有這種消費能力的國家為目標。

第三項理由是，如果可以在歐洲獲得成功，就能夠確立品牌，使全世界廣為接納。這是由於以法國為代表的西歐各國，在生活家飾、流行時尚服飾等生活型態與文化方面，皆為具有領導趨勢的國家。倘若能成功進軍西歐市場，建立品牌形象，就能像下一頁的圖表所示，在全世界最大的北美市場，以及急遽成長的中東、亞洲新興市場產生J Turn效果。甚至透過這些國家的熱烈反應，更能期待在日本國內市場出現U Turn效果。事實上，日吉屋正是一個好例子。由於海外榮獲的設計獎與媒體報導奏效，日本國內著名的飯店與商業設施因此向我們特別訂製照明器具，這些結果都是環環相扣的。

日本人口減少與高齡化的問題越來越嚴重，但是放眼海外，世界的人口卻逐漸增加。另外，不僅高所得國家，GDP排行前段或後段國家的平均所得也持續成長當中，我們不能錯過各個國家都有的超級富裕階層，因為VIP有機會從中而生。「在海外找到中小企業的出路」正是因為上述這些理由而成立。

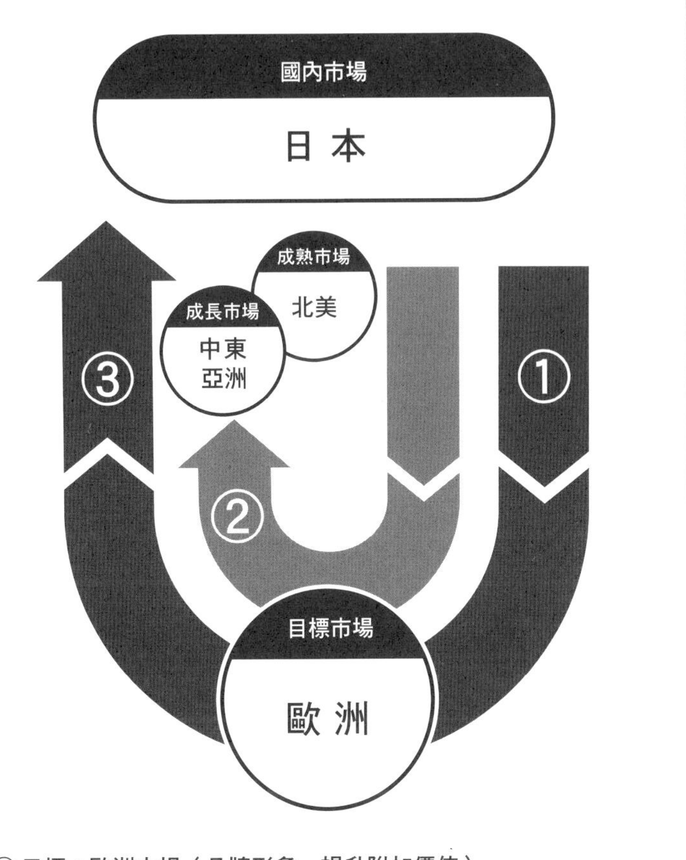

進軍歐洲市場產生的品牌形象，帶來 J Turn、U Turn 的效果。

建立公司內部體制

打造共享遠景的團隊

正式啟動專案前，首先應重整公司內部體制。為達到「在全世界銷售」的目標，經營者必須擁有一流的領導能力與保持熱忱，其重要性不言而喻。然而實際上，我卻經常看到一種情況，社長一個人衝過頭，而員工無法理解公司的遠景。

其中又有一種情況特別多。比如有一間企業每天還算忙碌，不過員工總會感到疑惑：「今天明明這麼忙碌，卻根本不知道這些產品暢不暢銷，為什麼我非得做這些事情不可？」此時，經營者應消弭這種消極否定的氣氛，必須靠「觀念」才能點燃員工心中的熱情動力。

我在前面章節已提過許多次，與所有員工共享企業理念的重要性。我們應該每天自然而然地去營造並累積公司內部氣氛。假設企業重新出發，必須再次訂出企業理念，最好聽取公司內、外部較熟識人員的想法意見，嘗試大家一起思考。彈性採納新的思考方式或外部觀點，找出適合自己公司的經營理念，巧妙地讓員工參與其中，不疾不徐地持續推動。

日吉屋在一開始開發照明設計器具時，員工除了妻子，雖然只有兩位新聘僱的工匠師傅，但這兩位新員工對我的做法仍然帶著懷疑的眼光。儘管如此，我還是不斷強調，一定有識貨的人能夠了解我們公司產品的美與魅力，所以絕對具有挑戰的價值。

如今回想起來，有些話或許是我說給自己聽的。十多歲時，合氣道的教練曾對我說：「語言具有靈性。」也就是說，我反覆說著：「一定沒問題的，我做得到。」最後它真的就會實現。或許有人會認為，這種泛心論不值得相信。但我認為，有突破能力的企業經營領導者，大多數都會秉持著一些瘋狂的信念，並且向周遭的人不停宣揚。

另外，領導者若在員工之中挑選承擔者，任命為新開發事業的負責人時，高階主管應確實從旁協助並給予關懷，不該讓員工受到孤立對待。若只是高層主管把工作整個丟給部屬去做，事情的進展必定不會順利。

在專案計畫的負責人之下，若能再配置一名擅於經營管理的副主管，則更為理想。通常成為主管的人都會相當忙碌，儘管擁有卓越的統率能力，卻容易在事務工作上產生疏漏。這時副主管就能從旁輔助，掌控專案的進度行程、預算管理、與外部聯繫交涉，並適度地去控管專案計畫進度。近來，這種位階的員工稱為專案經理（Project Manager, PM），其重要性相當受到矚目。

描繪未來三年的藍圖

在ＴＣＩ研究所中，對於有意朝海外發展的企業，我們都會建議先規畫出未來海外發展的三年計畫。換個方式來說，它意味著企業至少不在這三年中放棄，必須拚命努力做好各項經營工作。特別是中小企業，經營者有多少熱忱與毅力，攸關著事業的成敗。請領導者務必向員工清楚表明，將親自主導改革工作，並負起一切相關責任。

那麼，所謂三年計畫到底是什麼呢？首先，最初的第一年，應重新審視自己公司的優勢，在仔細調查市場之後，靠著自己去確立策略與應打造的產品。接著是進行試作，此階段應完成產品的原型。倘若需借助外部設計師等創作人的力量，就必須考慮委託適當的人選。關於如何尋找設計師，以及工作上的運作方式，我將在第四章說明。

在這段期間，應調查約一年後的國內外展覽會日期，思考自己完成的試作品適合在哪裡展出，並且做好決定。由於展覽會的日期不會變動，就算硬著頭皮，也必須在展覽會前準時完成試作品。由於它有交件的期限，一定要讓所有相關的工作人員認真動起來。

第一次參與展覽會，即使選在日本國內也無所謂。不過，在我們TCI研究所推動的海外發展協助專案計畫中，一開始本來就是以海外展覽會為目標。在我們協助的企業中，有不少製造商已經參加過海外展覽會，他們之中有的連國內展覽會都沒有參加過，就直接於海外展覽會出道登場。然而，倘若在海外展覽會獲得高評價，帶著好成績回國，就會像前面章節所述，產生U Turn效果，日本國內的採購人員一定也會慕名前來商談。

首度參加展覽會結束之後，若能立刻促成交易，提升業績，當然是再理想不過的事情。然而，在採購人員的嚴格眼光下，非常容易看出試作品的問題點。有些試作品雖然獲得「美麗」、「出色」或「了不起的技術」等稱讚，卻沒有取得任何訂單，這就代表了它或許哪裡有缺失。這時應請教具有鑑別能力的採購人員，積極尋找試作品需改善的地方。或許企業覺得自己公司的產品遭到否定，可能因此失去自信。但正因為受挫，學習的寶庫才能累積，我們實在沒有多餘的時間沮喪。

接下來，在第二年與第三年的階段，則是藉著展覽會獲得經驗，精益求精，完成最終商品。第一次選擇參加日本國內展覽會的企業，如果考慮往海外發展，請在這個階段積極挑戰海外展覽會。可在海外為自家產品做簡報，進行商談或提供後續追蹤服務，累積實戰經驗。在海外展覽會中，容易發現開發階段中疏漏的問題，它將以各種形式顯現出來。此外還會碰到技術方面的困難，或是彼此對生產費用僵持不下，因而感到苦惱，不得不努力找出方法解決。如此持續參加每年一至兩次展覽會，澈底掌握市場需求，不斷砥礪琢磨，便能完成更具魅力的在地化商品。

我特別建議企業在這個時期應該先行與想前往發展的國家的採購人員（或是具有相關採購經驗的商務人士）建立關係，定期保持聯絡，並透過對方詳細了解該國家的市場需求、商業習慣、法令等資訊，盡一切努力加強彼此之間的溝通。如此一來，最終成品才能夠產生致勝一擊，使品質更加盡善盡美。這是「Next Market in」方法中最關鍵的部分，我將在下一章詳細說明。

官方支援的活用方法與注意事項

其他國家並無提供像日本這種官方支援

中小企業製作試作品，接著在展覽會上展出，這些過程會產生過去不曾有過的花費。假設參加海外展覽會，以一個大約在九平方公尺左右的最小攤位，加上參展費用、陳列裝飾攤位、商品運送費用、口譯、承辦人差旅費用等，合計起來，短短期間就需要花費一百五十萬到兩百萬日圓以上的金額。對中小企業來說，資金調度並非容易的事情。此時可以活用國家或地方政府提供的官方支援。到目前為止，日吉屋透過由日本貿易振興機構、經濟產業省、中小企業廳與近畿經濟產業局等機關所提供的海外發展支援事業審查，成功地參加多場海外展覽會。

例如日吉屋在二〇〇八年第一次參加海外展覽會——法國巴黎國際家飾用品展

「Maison & Objet」。當時透過公開甄選，一共有十間製造商一起參展，每一間製造商負擔的金額在二十五萬日圓左右。接下來，從旅程規畫到展區攤位布置等，全部都有專人會為大家處理好，對當時一竅不通的我來說，實在是非常感激的一件事情。

另外，官方支援不僅提供參加海外展覽會的機會，還有針對產品開發的補助金、派遣精通產品開發的人才以外部顧問的身分提供協助等制度。日吉屋在「地區產業資源活用事業計畫」中獲得認可，接受補助金，運用在新產品「MOTO」的開發，以及參加各大展覽會。而我們TCI研究所實施的海外發展支援計畫，也是受到行政機關的委託而去實施，因此參加企業的立場等同於接受官方支援。這一類活用官方支援的制度，會因不同政府機關或年度而有各種差異。因此，我建議到就近的行政單位或支援機關的窗口諮詢。在本書最後章節，刊載著支援機關一覽，提供給大家參考。

我在歐洲許多國家，提到日本有這種官方支援制度，大家皆異口同聲表示「實在令人羨慕」。就我所知，似乎沒有一個國家能像日本一樣，對中小企業提供如此優厚的官方支援。因此，我期盼日本中小企業能積極善用這項制度，成為進軍海外的起點。

儘管如此，這些補助金的來源，無非來自國家稅金。正因為如此，當您有一天海外事業拓展成功，營收大增時，請記得繳回比過去受惠還要更多的稅金，當作一項使命任務。我刻意提這些想法，是由於自己過去從和歌山擔任公務員，一直到後來進入京都傳統工藝的世界，在這過程中，親眼看到無數企業或團體過度依賴補助金的緣故。

特別是傳統工藝的領域，實際上會出現一種情形，某些特定團體彷彿既得利益者一樣，每年都會自動獲得補助金。在不問成果的情況下，也沒有任何人要求，只能看到他們製作出不知要銷往何處的工藝品，不禁令人感到空虛。

另外還經常發生一種情形，中小企業成立新創事業，藉著「反正有補助金」的心態，使一切發展迅速。儘管一時順遂，但在補助金結束之後，事業也隨之澈底消逝。如此一來，好不容易累積的開發知識技術，就像扔進水溝一樣可惜。

因此，中小企業應銘記在心，在新事業啟動的階段，儘管有補助金大力支撐，然而終究會有脫離補助金的一天，所以一定得靠自己的能力獲利，並且用來持續投資自己的公司。

以極具說服力的專案計畫通過審查

要獲得官方支援，必須通過審查這一關。儘管中小企業才剛開始啟動計畫，沒有成功的前例也無可奈何。但是，中小企業必須具有說服能力，讓官方認同其透過資金就能展現成果。首先，應認知自己公司的獨創性，在世界上是否擁有相同優勢，接下來該如何活用這些優勢，如何展現成果，這些必須運用策略確實表明清楚。

比方說，將補助金運用在哪一類計畫上，以增加多少營收為目標，這些規畫當然都得拿出有憑據的參考資料。除了自己公司的利益，最好能添加遠景目標。例如：同業的其他公司、業界能因此活絡，甚至振興地區，這些補充項目非常重要。審查單位將以行政機關的立場去考量，他們支援中小企業的事業能發揮多大力量，是否為地區帶來振興的連動效果。

日吉屋為海外發展申請官方支援時，我們提出訴求——借助傳統工藝各界的協助，包括從京都地區竹製零件的生產、加工業者，乃至於木模型、木製零件的生產、加工業者，以及國內外流通的相關企業、人才等，期盼能為活絡地區經濟貢獻一分心力。另外，我們還提到，只要故鄉的傳統工藝大學畢業生前來應徵，日吉屋將優先以工匠師傅的職務錄取，希望能對地方上的就業有所幫助。甚至，我們樂觀看待，隨著日吉屋事業拓展，一定會增加許多對和傘有興趣的人，京都傳統工藝也會更受到大家的矚目，成為觀光客增加的一項因素。

再者，我認為由於「古都里」的獲獎經歷，加上許多媒體報導，使大家產生信賴感。倘若有佐證資料，能以客觀的評價證明自己的公司擁有獨創性或其他優勢，請務必善用這份資料。

面對陌生的申請資料，只要不厭其煩地把公司想實踐的理想化為文字語言去感動對方，相信專案計畫領導人的意志也必定更加堅定。

處理英語的方式

別擔心自己的英語一定要完美

考慮進軍海外市場時，就一定得面對英語這一關。如前面章節所述，品牌的行銷宣傳工具——網站與宣傳手冊——應提供英語版。此外，專案計畫成員在海外展覽會時，除了實際上場做簡報介紹產品，也必須與海外人士進行商談。

在展覽會上，當然可以聘僱口譯員進行溝通。然而，若完全依賴口譯員，就很難掌握與採購人員一來一往的所有細節。而且，採購人員一定只顧看著口譯員說話，難得的對話，自己卻被晾在一邊，失去了主動掌控局面的機會。因此，我建議應下定決心，在展覽會上以英文進行溝通。身為公司代表者的社長不交給承辦員工，應該親自上陣，在這個場合一決勝負，以英語商談交涉。社長若能擁有熱情，在公司內、外部展現出對事業的決心與態度，便能提升更多信賴感。

如果無法說出完美的英語，也毋須逞強。事實上，在歐洲展覽會上遇到的採購人員，也不是每個人的英語都自然流利。這裡有來自各國的採購人員，他們的母語有德語、西班牙語或法文等。對多數採購人員而言，英語是他們的第二語言，並非每一個人都能夠說出一口流利的英語。

特別是，展覽會上交談的內容幾乎大同小異。若能說明介紹企業理念與遠景、產品的結構或材料等特色，以及從構想到完成產品的背景故事，就能打開商機，掌握合作的機會。這些介紹說明的內容，最好事前擬稿，透過反覆練習，即可熟能生巧。對方若對這些介紹感興趣，即使聽到結結巴巴的內容，也會耐著性子仔細聆聽。

TCI研究所會安排課程，模擬海外展覽會的實境，進行角色扮演。兩人一組練習，其中一人對著扮演國外採購人員的角色，介紹自己公司的產品。當然，一開始任誰都會語無倫次、不知所云。雖然失敗會感到羞愧，但只要持續學習，這種做法將成為最快的一條捷徑。

無論如何，首先應展開笑容，從說一聲「哈囉」開始。我們應善用第一印象，讓對方認為「感覺這個人還不錯，似乎容易溝通」。追根究柢，我認為比起英語會話能力，一個人散發出親切自然的力量更為重要。雖然會話時結結巴巴，勉強還能溝通下去，而善用動作加深對方的印象，同樣是一種有效策略。以日吉屋的例子來說，我們讓對方看傘的開闔變化，也是一樣的道理。若能在現場實際展現技術，將會產生更好的效果。漸漸習慣之後，或許就能從容發揮「我在這裡穿插一個小笑話，讓大家笑一笑吧」或「我也來試著問對方一些問題」等，把產品介紹的節奏掌控得更好。

接下來，大家應在平時讓耳朵習慣英語會話。就算勇於開口說英語，但如果聽力不佳，對話就無法成立。比方說，我經常在市面上看到打著「只要聽就會進步」的英語聽力練習教材。我並非幫這些產品打廣告，不過，在我們協助的中小企業裡，實際上確實有人使用這類教材，他們每天聽這些教材，聽力自然而然出現明顯的進步。重點在於，我們是否有執行的決心，以及讓它變成一種自然的習慣。

準備海外交易之前的貿易實務基礎須知

與海外的採購人員進行交易前，必須先了解各種貿易實務的基礎知識，它並沒有什麼好害怕的。首先，應備妥的商業文件如下列所示：

- Proforma invoice（形式／預估發票）[10]
- Sales contract（銷售契約）
- Invoice（請款單及銷貨明細）
- Packing list（裝箱單）

這些商業文件可在網路搜尋範本格式，填寫上並不困難。

展覽會上應備妥商談內容記錄表與價目表。特別是價目表相當重要，我將在下一章詳述。

10 Proforma invoice：也稱預開發票或估價發票，是進口商為了向其本國當局申請進口許可狀或請求核批外匯，在未成交之前，要求出口商將擬出售成交的商品標籤、單價、規格等條件開立的一份參考性發票。

會中展出。

在這項計畫啟動時，西村先生的英語能力幾乎等於零。然而，令人驚訝的是，無論任何建議，西村先生都採取積極接受的柔軟姿態。他也聽了我的建議，立刻買了「只要聽就會進步」的英語聽力練習教材，持續在工作室播放。每天一早七點到八點就一股勁地聆聽，從第二年開始，他的耳朵終於逐漸習慣，慢慢能掌握一些單字。在第一年模擬實境的英文會話練習中，對於外國採購人員角色提出的問題，西村先生經常答非所問。不過，隨著練習時間的累積，到了第二年、第三年，我們可以看出他的會話能力已明顯提升。

西村先生的工作處理模式為，有關商談的電子郵件內容，會請兒子幫忙修改，在會話方面則不依賴他人，完全靠自己解決（根據西村先生本人表示，因為自己沒錢，所以沒有其他選項）。如果西村先生在會話上遇到困難，就當場拿出手機查詢

西村先生以英語向外國設計師說明。

智慧財產權的因應之道

重視商標註冊，保護品牌價值

在本章的最後，我想談品牌商標註冊的重要性。在日本，智慧財產權區分為：商標權、意匠權[12]、特許[13]、實用新案[14]，以及著作權。我認為，中小企業在進軍海外時，最應重視的是商標權。

所謂商標權，是指只有自己公司能獨占使用的權利，它是命名、商標、象徵符號等的結合體，代表公司品牌的一種身分識別。

日吉屋有「古都里」、「MOTO」、「蝴蝶」（Butterfly）等產品陣容。其中主要產品的商標皆於歐盟、北美、中國完成國際註冊。像日吉屋這種小製造商，若想在海外獲得成功，就必須在「運用和傘技術的照明設計器具」這個利基類型，以先驅者取得商

12 意匠權：相當於我國的「設計專利」。

13 特許：相當於我國的「發明專利」。

14 實用新案：相當於我國的「新型專利」。

標權，作為一種保障。倘若隨著日吉屋的產品在媒體亮相，名氣越來越響亮時，萬一出現「仿冒品」，日吉屋的品牌價值受到危害的風險也會較少一些。

因此，在命名與商標完成後，應立即到專利主管機關——特許廳——完成商標的申請註冊。雖然可以靠自己申請，但若準備赴海外發展，最好還是找一位經驗豐富的律師諮商，也比較能夠放心。

關於商標國際註冊，根據《商標國際註冊馬德里協定有關議定書》條約，雖然透過日本特許廳完成申請手續，還是可以另外在海外進行商標申請。在二〇一七年三月時，世界一共有九十八個國家是這項協定書的加盟成員國，可說幾乎涵蓋了所有目標市場。

像這樣能夠同時在日本國內與海外申請商標註冊，當品牌命名或設計商標時，就可以選擇不與海外各國先行註冊的商標重複。我們也必須事前確認，商標是否觸碰了該國家的文化禁忌。依據不同情況，我們可以採取因應措施，在國外以不同於日本的商標進行註冊。

商標從申請到實際註冊完成為止，在日本國內需要幾個月的時間。無論哪一個國家，包括特許、商標與意匠這些智慧財產權，都是最先申請者取得專利權。在等待註冊生效的期間，同樣會產生權利，所以越早申請越有利。比方說，就算您公司的產品與同一個商標在美國出現，但是只要您的公司比對方早一天在日本提出商標註冊申請，商標權就屬於您的公司（以國際註冊為前提進行申請）。

視情況申請發明專利或設計專利

那麼，發明專利的情況又是如何呢？若擁有發明專利，或許會給人一種能夠順利到海外發展的想像空間。然而實際上，擁有發明專利技術從事經營的公司極少。所謂專利，是指擁有者在一定期間能夠獨占發明的使用權利，在保護期限過後，就必須公開它的內容。因此，有一些企業為了避免公開技術，反而不會去申請專利。

日吉屋在深思熟慮後，決定不申請發明專利與設計專利。其中一項原因是，就算耗費時間與勞力取得這些專利，產品的設計與結構仍有遭人盜用的風險。接下來，若鬧上國際法庭打智慧財產權的侵害官司，只會浪費更多時間與金錢在無益的消磨戰上。我不清楚大企業的情況如何，但對中小企業而言，只會造成更嚴重的損害。

因此，日吉屋目前僅註冊一個商標。不過，取而代之的是，我們傾注全力去提高它的名聲價值。雖然擁有商標，但我們的公司或產品若沒有名氣，就算主張自己才是「正宗始祖」也毫無任何幫助，所以我們投注了相當大的心力在行銷宣傳上。

日吉屋在智慧財產權上的做法，考量了企業的策略、產品，以及服務等層面，屬於個案處理，因此無法一概而論，適用所有的中小企業。為了找到最適合您公司的做法，我建議應先洽詢具備相關專業知識的顧問。關於智慧財產權的發明、保護、運用等一站式諮詢窗口，譬如公益社團法人發明協會，可提供專業諮詢。目前，發明協會與全國各地區政府機關及商工會議所合作，正在推動地區協會，請大家善加利用。

第3章

與海外代理經銷商、採購人員一起開發「暢銷」商品

出發吧！走進與海外採購人員相遇的會場

「Next Market in」中不可或缺的角色——海外的採購人員

第三章的主題重點將放在如何與海外代理經銷商及採購人員接觸往來。我除了在這章列舉一些我的失敗例子，也會分享在商業習慣上有別於日本的世界標準。另外我還會回顧自己在展覽會上認識的代理經銷商與採購人員，以及如何運用與他們的關係去開發產品。

前一章提到，日本中小企業應將自己定位在成為「全球利基型頂尖企業」，並且把目標鎖定在歐洲市場。不論在世界哪一個角落，只要是發展經濟的國家，人們都是住在有桌子、椅子與床鋪的房子裡，大家會穿著正式服裝、T恤或牛仔褲生活，而訂出這些全球共通標準的國家就是起源於歐洲文明的歐美各國。因此，若能打造適合當地的產品進軍歐洲，以法國等國家作為據點，逐漸擴大趨勢，一旦品牌價值受到肯定，就能產生 U Turn、J Turn 效果，持續往日本國內、亞洲與中東等地區發展。

只不過，我們必須切記，即使世界看似朝向全球一致化的趨勢發展，但隨著國家與地區的不同，人們在文化、宗教、性情上也都會有差異，而且所受影響根深蒂固。就日吉屋的經驗來說，歐洲各國嫌棄過亮的照明器具，但相對地，我們卻掌握到日本、中國與亞洲有著「喜歡明亮照明器具」的傾向。另外，每個國家對照明器具的燈罩顏色也有不同喜好。比方說，法國喜歡高雅且沉穩的顏色，德國喜歡青或綠等大自然的色彩，中國在單色系上忌諱辦喪事的顏色，這些都是在海外發展之後慢慢了解的事情。不同的國家，人們使用的家具、咖啡杯等日用品尺寸也會有習慣差異。

換句話說，在日本暢銷的商品，若將它們原封不動地送往海外，也無法保證會被當地接受。不曾造訪或生活過的國家，雖然能透過網路或書籍了解當地的文化與生活習慣，但是依然走不出紙上談兵的框架。

有效解決這些問題的方法為，儘可能加深與——精通當地市場需求、商業習慣的——採購人員（或是具有相關採購經驗的商務人士）的溝通。與在目標市場國家當地工作的採購人員合作，長期獲得他對開發中產品的各種建議，同時培養彼此信任的關係，這正是我們提倡「Next Market in」的第一步。

有一種日本中小企業類型，長期以來沒有任何特別屬於自己公司的品牌，他們大多以代工製造（OEM）或承包工作為主。這些公司屬於「產品導向型」，對市場需求的了解不足，多半以自己公司技術或能力所及的範圍去構思並製造產品。儘管工藝製造的技術十分優異，依然無法打動消費者的心，導致產品經常出現滯銷的情況。

因此，有人認為解決之道在於著手進行市場研究調查，掌握消費者的需求，儘量製造有機會暢銷的產品，這種做法稱為「市場導向型」。只不過，在這些做法中，能夠發揮作用的實例，僅限於日本國內市場的實際需求吧。

我認為許多企業會考量自己公司的情況，在「產品導向型」與「市場導向型」之間二選一，或者結合這兩者進行企畫開發。如果企業押對寶，當然就沒必要再閱讀本書。然而，如果對目前市場的未來感到不安，而想嘗試到海外尋找一條出路，那麼我所提倡的方法──「Next Market in」，就有值得一試的價值。

參加海外展覽會的準備

試問在哪裡能認識海外的採購人員，答案無非是海外展示會。如第二章所述，在實際銷售開始之前，於展覽會上展出試作品，觀察市場反應，具有相當重要的意義。倘若只靠自己的公司獨力完成商品開發，並將它發布在網頁上，連名稱都不曾聽過的企業，還要留意到它的產品，甚至購買，我想這樣的消費者根本不存在吧。當專案計畫啟動後，第一年的時間幾乎都會耗在開發試作品的工作上，請大家在第二年、第三年時積極參加海外展覽會。

認識海外採購人員的類型與特徵

日本的商業習慣並不適用海外

進行海外交易之前，首先必須了解的是，採購人員的類型及其特徵。日本的習慣做法是，製造商針對百貨公司或零售店以「委託銷售」的方式，賺取六成利潤。也就是說，製造商以收取零售價格的六成為前提，將商品「寄放」在店裡的一種銷售方式。比方說，一萬日圓的商品若賣出一件，製造商就可收取六千日圓。百貨公司或零售店不需買下所有商品，也無須承擔庫存量過多的問題，倘若某項商品賣不出去，可選擇退還給製造商。然而，我在海外卻不曾看過這種交易模式出現。無論百貨公司或零售店，以誠信為前提，不隱瞞這些商品賣出去的營業額，這是日本獨特的商業習慣（但條件也可能隨著商品、交易客戶或交易型態而改變）。

當然，在日本也因產品不同，而有許多「批發業者」、「中盤商」等中游業者，他們位於製造商與百貨零售的中間進行交易。在這種情況下，製造商能夠賺取的利潤就比「六成」還要更低。儘管「批發業者」、「中盤商」的名稱不同，但其實無人明確定義出兩者的差別。

倘若今後想在歐洲或美國做生意，那麼就必須徹底了解，在展覽會上認識採購人員的類型——「代理經銷商」、「零售商」、「代理商」（製造商之業務代表）。主要原因在於，不同類型的採購人員，交易的內容與性質就會完全不同。另外，不管與哪一類型的採購人員交易，與日本國內交易情況相比，海外抽成率更低，大家必須做好心裡準備。

Ⓓ Distributor

中盤商（嚴格來說，與日語的意義不同）
進口商（Importer）、代理經銷商（Distributor）、大型連鎖店、委託代工製造（OEM）

- 價格設定：預估售價的百分之二十五以下
- 預設條件：基本上進貨時全數購買
- 銷售對象：批發給零售店鋪、設計事務所、大量購買的顧客等

Ⓡ Retailer（零售商）

百貨公司、零售店鋪、品牌店、連鎖店、設計事務所（兼供應商）、其他、網路商店、郵購（型錄購物）

- 價格設定：預估售價的百分之五十以下
- 預設條件：基本上全數購買（視情況決定是否委託銷售）
- 銷售對象：直接銷售給一般消費者

Ⓐ Agent（Manufacturer's Representative）

代理商（製造商之業務代表）

- 價格設定：銷售（成交）金額的百分之十至二十
- 預設條件：不需買賣貨物，但須出借樣品
- 銷售對象：針對目標客戶跑業務（成功後獲得酬金）

100 歐元

終端使用者（消費者、市場、客戶）

＋ 運費 ＋ 關稅 ＋ 附加價值稅等稅金

Ⓡ 50 歐元　Ⓡ 50 歐元　Ⓡ 50 歐元　Ⓡ 45 歐元 / Ⓐ 5 歐元

Ⓓ 25 歐元　Ⓓ 22.7 歐元 / Ⓐ 2.3 歐元

前提是必須把價格設定得比日本售價還要更高

製造商

海外採購人員的類型與價格設定。

採購人員的類型

②「零售商」

零售商（retailer）是指，直接銷售商品給終端消費者的業者，他們的身分等同於百貨公司、零售店鋪、品牌店、連鎖店與網路商店等。零售商的進貨價格為預估售價的百分之五十以下。在海外，像日本這種委託零售商銷售的情況極少見，基本上都是在進貨時由零售商買下商品。

採購人員的類型

③「代理商」（製造商之業務代表）

所謂代理商（agent，有時也稱為製造商的業務代表——Manufacturer's Representative），在日本或許並不是廣為人知的行業。他們是從事銷售代理的採購人理。在世界標準的商業習慣中，最後的零售價比製造商的批發價格高出四倍，本來就是理所當然，否則就會造成虧損。

透過代理經銷商流通商品時，如果製造商以日本「六成」的感覺去決定批發價格，乃至於零售價格太高，就會做不成生意。在日本，零售價格一千日圓的商品，雖然製造商提供的批發價格是六百日圓，但若提供相同的批發價給海外，當地的零售價格就會超過兩千四百日圓。現在是一切事物都能在網路上查詢的時代，如果消費者知道在日本以一千日圓就能買到的商品，到了自己的國家竟然漲到兩千四百日圓以上，任誰都會認為是一種敲詐吧。我認為，這是由於對方不清楚日本的商業習慣，以為在日本國內也提供相當於零售價格的百分之二十五，也就是兩百五十日圓的批發價格。

換句話說，當大家考慮往海外發展時，一開始應根據目標市場的行銷狀況，觀察並設定合理的零售價格，盡一切努力提供四分之一左右的商品批發價格。價格設定並非在產品一完成後立刻決定，我們必須考量商品由日本出口，需要運費與關稅等成本，因此海外的價格會比日本國內稍微貴一些，這也是沒辦法的事情。不過，倘若商品的價格是日本的兩倍或三倍，將會造成更大的問題吧。為了提高品牌價值，讓消費者認同，即使價格高也值得購買，我們只能盡全力控制成本，使生產更有效率，努力把這些事情做好。

實際努力嘗試之後，就會發現海外訂價是一項嚴苛的考驗。日吉屋為了把批發價格控制在海外零售價格的百分之二十五左右，我們使用模具，不斷下功夫，以更有效率的方式製造燈罩骨架。若能努力克服這一點，順利將成本控制在海外零售價格的百分之二十五，在日本國內就能產生額外的利潤。因此，縱使情況嚴峻，也有值得努力的價值。

然而實際上，目前仍有許多製造商在沒有思考這些問題的情況下，就冒然參加海外展覽會。「我們運用了日本傳統技術，所以大家一定會認為這是好產品吧。」或許有人會抱著如此天真的幻想。大家應認清事實，相較於日本國內主場，遠在海外客場的困難挑戰更多，我們必須認真擬訂所有對策。

切記商業習慣會隨著時代潮流改變

寫到這裡，我分享目前海外交易型態的相關心得，希望能提供今後想進軍海外的中小企業先進們參考。但另一方面，請大家切記——商業習慣會隨著時代潮流改變。

如今，就像亞馬遜公司破壞現有的流通業一樣，製造商與代理經銷商這種中間業者的交易逐漸凋零。許多人認為，亞馬遜公司透過網路直接與製造商及零售商交易，今後這種情況只會更加普遍。儘管如此，現在仍算是過渡時期，代理經銷商或代理商依然是製造商的重要交易對象，這一點不會改變。

最重要的是，我們應彈性因應時代的浪潮變化，平時多觀察了解社會經濟的動態趨勢，提高自己的敏銳度，隨時留意新的市場行銷策略與流通方法。今後，不管交易型態如何發展，至少有一點能夠肯定，那就是品牌價值將明確地保存下來。相信大家按照我寫在書裡的內容，按部就班地進行海外交易，在不斷累積經驗的過程中，自然能夠培養經營管理的敏銳嗅覺。

【實戰案例】如何訂出價目表

如同前面描述，制訂價目表最重要的是，應針對代理經銷商與零售商，分別訂出不同的批發價格。若是針對代理商則不需特別另外製作價目表，不過應事先決定好抽成酬金的條件（一般標準為百分之十至二十）。價格的填寫應以當地流通的貨幣為原則（歐洲為歐元，美國則為美金），商談時切勿以日圓計算。這是由於外國人對日圓較陌生，計算金額時會多出好幾個零，影響對方的購買意願。另外，若最低訂購量的金額或數量太多，讓對方猶豫不決也並非好事。

目前，我們TCI研究所建議，基本上以「DDU」（稅前交貨條件＋指定目的地）來訂定價目表（※）。如果熟悉國際商會所制訂的國際貿易規則「Incoterms」（國際貿易條規）或許就知道，DDU是英語 Delivered Duty Unpaid 的縮寫，也就是以「賣方負擔貨物送達到對方國家目的地之所有運費，但不包括進口關稅」條件進行交易。我們把從日本寄送的運費加上未稅商品價格，並以當地貨幣（歐洲為歐元，美國則為美金）記載，就能降低採購人員心理上對進口的防備。

而與DDU形成對比的是FOB（Free on Board，船上交貨條件），這份契約僅記載最簡單的價格「商品貨款＋把商品送到國內最近港口的運費合計」，其餘的海外運費與關稅成本則由買方負擔。但這種條件會造成一種情況——假設在展覽會中，採購人員看中某項商品，也知道該商品的未稅價格是一百歐元，但卻不知道寄來的運費與關稅該加上多少，而成為在交易時猶豫不決的因素。因此，我們才會建議大家使用——預先把運費計算出來，再加上商品費用——這種方式。日吉屋的運輸方式，由於是從日本使用EMS（國際快捷郵件）寄送商品，因此商品的價格就會加上運費一起合併計算。

我們寄送商品含運費，卻不包括進口關稅——這麼做是有原因的。通常貨物的關稅率多由海關當局主觀判斷，因此非常棘手。舉個例子來說，一個手提包主體由合成纖維製造，只有提帶使用皮革材質，一般都會認為它歸納在「合成纖維皮包」的項目範圍裡。但是，假使海關當局判斷它為「皮革製皮包」時，關稅率就會因此提高。若是把這種高度不確定的因素加進價格之中，對製造商而言，實在是一大風險。因此，製造商能做的事前工作，就是把自己公司產品大約的關稅率告訴採購人員讓他們參考。如欲了解每種產品項目的標準關稅率，可以參考日本貿易振興機構的網站，點選世界關稅率情報資料庫「WorldTariff」，即可自行搜尋相關資料。

接著，還有一件容易疏忽的事情，就是運費會因寄送地點而不同。因此，針對亞洲、歐洲、北美、南美與中東等國家，都必須各別訂定價目表。儘管參加的是歐洲展覽會，但我們並不會知道採購人員來自哪個國家。如果沒有當場把價目表交給對方，僅表示「我回去再寄電子郵件給您」，成交率恐怕將微乎其微。

像這樣把運費含在商品貨款內，並以當地流通貨幣明載於契約書上，匯率的風險將由製造商負擔。因此，製造商可彈性以五日圓上下當作緩衝，訂出不會虧損的價格，這一點相當重要。只不過，一旦匯率大幅波動時，就應該考慮重新調整價格。另外，切記在價目表上，一定要註明預付貨款為必要條件，並且使用T／T（銀行匯款）的方式付款。在前一頁價目表的範本中，有填寫的詳細說明，請大家務必參考。

※二〇一〇年版國際貿易條規（Incoterms 2010，最新版）雖然刪除DDU，新增加DAP（Delivered at Place，目的地交貨條件），但是二〇〇〇年版國際貿易條規依然具有效力，實際上大家仍經常使用DDU條規。

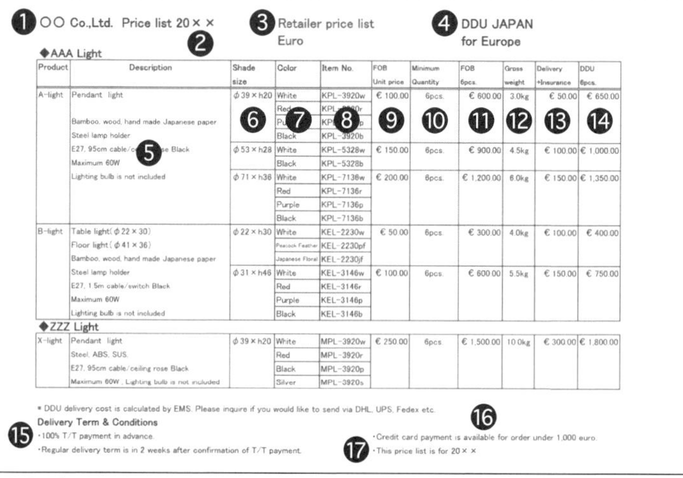

❶ ○○ Co.,Ltd. Price list 20×× ❷

❸ Retailer price list
Euro

❹ DDU JAPAN
for Europe

◆AAA Light

Product	Description	Shade size	Color	Item No.	FOB Unit price	Minimum Quantity	FOB 6pcs.	Gross weight	Delivery +Insurance	DDU 6pcs.
A-light	Pendant light	ϕ39×h20	White	KPL-3920w	€ 100.00	6pcs.	€ 600.00	3.0kg	€ 50.00	€ 650.00
		❻	Red	KPL-[illegible]0r	❾	❿	⓫	⓬	⓭	⓮
	Bamboo, wood, hand made Japanese paper		Pu[illegible] ❼	KP[illegible]p ❽						
	Steel lamp holder		Black	KPL-3920b						
	E27, 95cm cable/c[illegible]se Black ❺	ϕ53×h28	White	KPL-5328w	€ 150.00	6pcs.	€ 900.00	4.5kg	€ 100.00	€ 1,000.00
	Maximum 60W		Black	KPL-5328b						
	Lighting bulb is not included	ϕ71×h36	White	KPL-7136w	€ 200.00	6pcs.	€ 1,200.00	6.0kg	€ 150.00	€ 1,350.00
			Red	KPL-7136r						
			Purple	KPL-7136p						
			Black	KPL-7136b						
B-light	Table light(ϕ22×30)	ϕ22×h30	White	KEL-2230w	€ 50.00	6pcs.	€ 300.00	4.0kg	€ 100.00	€ 400.00
	Floor light(ϕ41×36)		Peacock Feather	KEL-2230pf						
	Bamboo, wood, hand made Japanese paper		Japanese Floral	KEL-2230jf						
	Steel lamp holder	ϕ31×h46	White	KEL-3146w	€ 100.00	6pcs.	€ 600.00	5.5kg	€ 150.00	€ 750.00
	E27, 1.5m cable/switch Black		Red	KEL-3146r						
	Maximum 60W		Purple	KEL-3146p						
	Lighting bulb is not included		Black	KEL-3146b						

◆ZZZ Light

Product	Description	Shade size	Color	Item No.	FOB Unit price	Minimum Quantity	FOB 6pcs.	Gross weight	Delivery +Insurance	DDU 6pcs.
X-light	Pendant light	ϕ39×h20	White	MPL-3920w	€ 250.00	6pcs.	€ 1,500.00	10.0kg	€ 300.00	€ 1,800.00
	Steel, ABS, SUS		Red	MPL-3920r						
	E27, 95cm cable/ceiling rose Black		Black	MPL-3920p						
	Maximum 60W, Lighting bulb is not included		Silver	MPL-3920s						

* DDU delivery cost is calculated by EMS. Please inquire if you would like to send via DHL, UPS, Fedex etc.

❺ Delivery Term & Conditions
・100% T/T payment in advance.
・Regular delivery term is in 2 weeks after confirmation of T/T payment.

⓰
・Credit card payment is available for order under 1,000 euro.
⓱ ・This price list is for 20××

①公司名稱：請用英語填寫 ※若沒有英語公司名稱，請利用這個機會命名。應注意名稱不應過長。
②價目表的有效年分：由於匯率變動，應定期更新價格設定。
③本價目表的提供對象：應以 Maker（製造商）→Distributor（代理經銷商）→Retailer（零售商）（※請參考 103 頁）的商業流程作為前提，分別準備不同的價目表提供給不同對象。
若提供給 Agent（代理商）時，其酬金應事前加進 FOB 中。
若只提供一種價格，就會讓代理經銷商與零售商的成本價格相同，代理經銷商將無法獲利，請特別注意這一點。
提供給代理經銷商的行情價格，必須是提供給零售商價格的 50%。※生活雜貨商品類
零售商價格 2 至 2.5 倍 + 稅等（附加價值稅等），等於最後商品陳列在零售店鋪的銷售價格。
④交易條件：最簡單的方式雖然是 FOB，但本書推薦 DDU。以採購人員的立場去看只有：商品貨款 + 運費，一目瞭然。（這張表格中 FOB 與 DDU 的兩種價格欄位皆有）
⑤商品明細（商品說明、材料、用途、附屬品等） 可附上照片使其容易分辨。
⑥尺寸
⑦顏色
⑧商品編號
⑨FOB 價格：以 EMS 等國際快捷寄送時，實際上屬於商品單價。
⑩最少訂購批量（若能夠從一個開始交易也是好的開始）
⑪商品單價 × 最少訂購批量（⑨ × ⑩）的合計
⑫包括箱子與打包裝箱材料的總重量
⑬運費與保險費
⑭DDU 價格：商品貨款 + 運費 + 保險費（⑪ + ⑬）
⑮付款條件與交期：如有可能，請要求對方預付 100% 貨款。如不成功，則調整為預付 50% 貨款，並協議剩餘貨款於出貨時付清。交期項目上請註明運送期間日數。
⑯小額付款：即使銀行匯款金額少，在一定的額度內（如 100 萬日圓以內）的手續費都不會變，所以如果是訂購樣品等小額交易，則會有匯款手續費特別高的感覺，容易產生心理抗拒。此時使用信用卡或 PayPal 來付款最理想。※這類付款方式會按付款金額收取 % 手續費，如果是大額交易，有可能會比銀行匯款的手續費還高，應特別注意。一般大約在十萬日圓左右以內都算小額交易，超過此金額建議使用銀行匯款（T／T）。請在表格上事先註明匯款銀行的相關資訊。
⑰價目表的有效期間：匯率波動大時請將有效期間縮短，並隨時更新。

※價目表會根據商品類型、業界、條件而有所差異。
本價目表僅供參考，請依照各公司的情況調整內容，以符合客戶需求。

價目表的範本與說明。

開拓海外銷售通路，人際關係占九成

接觸採購人員後的下一步是建立關係

在展覽會的攤位上，我們會遇見形形色色的採購人員。理想的情境是，有一位採購人員非常中意您公司的產品，如果他想立刻購買，就可以當場進行商談，了解詳細的交易條件。此時，應配合對方的期望製作估價單，確認交期等必要事項。當然，也不要忘記確認對方屬於哪一種採購人員類型，到底是代理經銷商，還是零售商或代理商。之後，就準備進入交易流程：接單→收款→寄送商品。

然而，在展區中，其實有許多詢問者不會走到交易這一步，而是東問西問，僅交換名片之後就結束了。甚至有許多人連名片都不給。不過，我們可以運用商談內容記錄單，請對方填寫「公司名稱」、「聯絡電話與電子郵件」，以及「感興趣的產品」，如此一來，就可以得到聯絡方式。

接著，展覽會結束後回到日本。一般而言，我們都會在兩週內發送「前陣子感謝您蒞臨我們的攤位」為內容的「感謝電子郵件」。只是，通常不會回覆這種感謝信函的人也非常多。不過，更重要的是，我們該如何拿出讓對方感興趣的項目，比如「我們附上您當時詢問的〇〇的型錄以提供參考」等，想盡辦法製造機會。

倘若覺得對方有潛力成為交易客戶時，就應毫不猶豫地出招，安排業務拜訪事宜。這時如果發送「我即將出差一趟，如果方便，我想前往貴公司拜訪」的電子郵件，回覆率也會大增。或者，著名的採購人員大多都會把重要的展覽會參觀一遍。例如，在法國巴黎國際家飾用品展「Maison & Objet」上接觸採購人員，當他對產品有任何建議，我們之後就能試著聯絡：「我們即將參加米蘭國際家具展覽會，這回我們參考了您的建議，嘗試改良產品，衷心期盼您蒞臨指教。我們的展區攤位在〇〇……」

如此由我們丟出疑問，製造機會讓對方回答，持續保持接傳球的關係，就更能加深彼此間的往來聯絡。比方說，提出「我們設計這項商品，同時製造了紅色與黑色，

① 取得採購人員的名片後，請以訂書機裝訂好。
※ 在海外常遇到沒有印製名片或用完名片的人，此時可請對方手寫在記錄表的空白處上。
※ 有人的手寫字跡充滿個人風格，可能會無法判斷，切記當場確認，如有必要，請再次以工整字體謄寫一遍。
※ 由於許多人認為填寫住址相當麻煩。所以至少請對方留下姓名、電子郵件，以方便後續聯絡。

② 在對話中詢問對方的職業並且記錄。如果沒有正確掌握對方的職業，可能會導致商談內容與價目表遞交時發生錯誤，請務必謹慎。

③ 衡量對方對產品的興趣程度高低，作為安排展覽會後追蹤聯絡的優先順序參考。

④ 記載商談內容。要一個人完全記住一天十件的商談內容非常困難，因此必須把重要事項記錄下來。※ 如有約定事項，請在展覽會結束後儘速處理。

商談內容記錄表。

但喜歡黑色的人比較多，您認為主要原因是什麼呢？」或「在日本，這項商品非常暢銷，為何到了歐洲卻乏人問津，到底原因出在哪裡呢？」等問題。總而言之，請試著拋出您心中的任何疑問。如果對方對您的公司或產品感興趣，一定會提出具體建議。或許，您就會領悟「原來是產品尺寸不符合歐美人士的身型啊」或「當地的喜好原來是這樣」等，自己沒發現到的盲點，自然而然就會浮現出來。如此夠交情的採購人員越來越多，相信一切都會往更好的方向發展。

另外，前往展區攤位的人不僅有採購人員，也包括媒體採訪團、新聞記者，還有以調查為主的製造商、零售商或設計師等，參加展覽會的人非常多元。我們不知道展覽會上將遇見什麼人，有什麼潛藏機會。日吉屋也曾經在展覽會上認識設計師，後來甚至一起開發產品。希望大家也能夠以自己的語言，吸引有緣的採購人員，好好展現自己公司的品牌與產品魅力。

建立形同一家人的理想關係

閱讀到這裡，一定有讀者對海外採購人員的交際倍感壓力吧。大家也許會想像，彼此對商品或交易條件，毫不留情地往來過招，甚至充滿公式化的應酬對話。然而，對日吉屋來說，就算是商業往來的夥伴，也會花兩到三年，讓彼此產生如家人相處般的情誼。因為我不想只把對方當成工作往來的對象，如此反而產生更好的結果。

在歐洲，交情好的朋友，彼此相處會像家人，經常招待對方來自己家裡用餐。每逢週末，就會想著要邀請誰來家裡吃飯，可說是他們增添生活色彩的一種樂趣。二〇〇八年，我第一次到海外參展時，帶著妻子與孩子在當地短期居留，代理經銷商承辦人就經常邀請我們在家庭場合中一起談心，加深彼此之間的了解。相反地，當他們來日本短期停留時，也會住在我家，我也會帶著他們四處走走。我們沒有工作上的公式化相處模式，能夠彼此真心溝通，正是因為建立了這層關係。

由於這一層信任關係，無論代理經銷商或代理商都會真心向大家推薦：「這個人負責的品牌非常棒。」或者，他們也會給予「這項產品最好如此改善」、「你們應該嘗試做某種產品」等建議。日吉屋接受這些有幫助的建議已多到數不清。在日本，基本上中盤商不會給製造商這些意見吧。

在社群中受到認同的重要性

經常有人說，海外商務人士的人際關係非常乏味。然而，我絕對不會這麼認為。以法國人為代表，儘管歐洲人看起來似乎冷漠，大多數對陌生人都帶有警戒心，不過一旦成為好朋友，就能被朋友的社群接受，他們付出的溫情會像對待親人一樣，讓你驚訝不已。特別是像法國、義大利或中國等國家，歷史越悠久，越常出現「那個人是不是與某人有關係，是他們之中的一員嗎？」的情形，對於做生意可說幫助相當大。

比方說，有一次在歐洲，我與代理經銷商的巴黎承辦人一起跑業務。在我們有限的時間裡，我以為會非常有效率地依序拜訪生活家飾用品或建築相關的客戶。但不知道為什麼，他卻帶我去一個熱鬧的地方與一群人聚餐，乍看之下，這些人似乎都是與我們毫無關係的時裝設計師或藝術家等身分。我對此產生質疑，但是代理經銷商的社長卻告訴我這麼做的原因。

在法國，如果只有賣東西是不會成功的。儘管法國可以說是率先牽引歐洲的國家，進而帶動世界的潮流趨勢。但是，實際上支配著法國創造業界的人，卻是聚集在巴黎——小「沙龍」——的這群有力人士。倘若想賣照明設計器具，首先就必須獲得這些成員的認同。若其中一員能對其他成員介紹：「這位男性是我的朋友，他在日本經營一間傳統老店日吉屋，以堅定的理念，從事非常棒的工作。」如此一來，就能一舉順利地開拓經營之路了。

正如社長所言，實際上在巴黎這樣的小地區，若能參與沙龍活動，就有極大機會，與著名的一流品牌內部人士連結，它遠遠超過我們的想像。TCI研究所目前能夠與參與路易威登（LOUIS VUITTON）品牌系列的設計師萊特納（Arthur Leitner）合作，也是透過朋友的朋友這層關係，才帶來如此的機緣。

只不過，並不是只要與歐洲人交情好，他們就會不分對象地介紹自己的人脈。歐洲朋友重視的是這個人有沒有發展的潛力。為此，我認為我們應對自己的工作感到自豪，培養與人能深入談論事物的素養。另外，即使英文不流利，也應具備讓對方覺得「你值得信任」的好人品，以及幽默感，這兩點相當重要。

儘管這是我的個人見解，但若能秉持這些觀念與對方往來，相信逐漸能培養直覺。就算每天見到的人多到數不清，我認為一定也能開始掌握，心中出現「沒錯，這項工作應該委託這個人負責」的聲音。

傾聽當地的聲音，尋求「暢銷」商品的概念與價格設定

即使憑空而來的創意也不妨一試

我在第一章介紹過日吉屋如何傾聽海外的市場需求，並積極進行改善。為符合歐美的居住環境，我們把產品尺寸做得更大，以及降低照明亮度。「古都里」亦然，以工業風格的材料去重新設計，再次創造新商品。榮獲iF產品設計獎的「MOTO」同樣也是如此。

過去，我在展覽會期間，經常會避開飯店，刻意選擇住在短期公寓裡。若大家考慮往海外發展，我建議能參考日吉屋的做法。我們為了著手規畫生活風格、家飾用品等相關產品，親身體驗該國人民所處的環境，以及他們過著什麼樣的生活。我發現，歐洲地區的廚房出乎意料地狹窄，並能從衛浴設備的使用方式或家飾的布置巧思，感受

到該國家的風格。我們若了解他們與日本不同的生活文化，或許就能活用在產品開發上。如前面章節所述，如果與當地人成為好朋友，受邀參加家庭聚會，這也是一個能夠觀察他們生活文化的大好機會。

儘管最近比較少見，過去我常在歐洲的餐具器皿展覽會上，看見漆器碗展出。可是，參展者並沒有顧及到，就算它是一種高級漆器，運用非常優異的技術，但歐洲人除了在日本餐廳以外，會在家裡一手捧著盛滿飯的碗、一手拿著筷子吃飯的機會幾乎等於零。

更糟糕的一例是，商品的參考說明書只有日文版，甚至連價目表也沒有準備。詢問攤位負責人交期時間，竟然回答：「我沒有出口商品的經驗，所以還不是很清楚。」這種例子屢屢出現。我們可想而知，他們的後續發展肯定不會順利。

因此，大家應與當地值得信任的採購人員建立關係，努力蒐集所有能改善做法的意見。目前，我透過TCI研究所，以協助赴海外發展的中小企業為目標。其中，我們發現「成功者」都有虛心接受的態度，他們的共通點就是，把別人提供的所有建議，從頭到尾全部嘗試一遍。

海外的採購人員也經常出奇不意地提出一些連我們想都沒想過的創意。這是由於他們不像日本人一樣，受到既定觀念束縛。然而，有一些自古以來堅持遵守傳統規矩的製造商卻緊閉心房，根本聽不進去這些意見。甚至說出「他們不懂這些技術的價值，才會提出這種荒謬建議」或「要是按照他們說的去做，這些就不是我們的工作了」這樣的話。

儘管我們下定決心，想在海外賣出商品，但若做不出符合對方期望的商品，一切將徒勞無功。再者，擁有靈敏的直覺，最清楚消費者「渴求」的商品概念、價格設定，正是當地的工藝製造以及流通的相關人員。因此，一開始應把「做不到」、「做了也是白費工夫」的偏見放下，嘗試他們提出的建議，相信在挑戰的過程中，我們一定會從中學習與有所收穫。

接下來，我將從TCI研究所協助企業前往海外發展的「Next Market in」計畫中，挑選幾個成功範例，了解他們如何傾聽當地的需求，最後出現令人讚嘆的改變。在TCI研究所的支援事業裡，我們聘請海外的顧問與設計師來日本，不厭其煩地與製造商討論、積極開發產品，並帶著完成的試作品赴海外參展。在參加海外展覽會前，製造商已掌握海外需求，算是稍微特殊的例子。不過我認為，透過這些例子，能了解他們的構想如何轉變，所以極具參考價值。

範例①「藉著無漆的漆器去開拓新天地」——MOKU（井助商店股份有限公司）

井助商店是一間京都漆商老店，擁有一百八十年以上的經營歷史，一開始以漆液塗料的精製、販賣為主。隨著時代的浪潮變化，除了經營各種漆液塗料，同時也從事漆器的企畫、製造與銷售工作。

在日本高度經濟成長期之後，大眾的生活型態受到歐美影響，離漆器越來越遙遠。井助商店的第七代社長沖野俊之先生持續摸索，「希望能再次找回漆器伴隨人們的日常生活場景」，於是從二〇一二年起，他參加了TCI研究所為期三年的支援事業。

然而，來自法國的顧問雷薩格先生（Xavier Lesage）在聽過沖野社長的介紹，看到井助商店的漆器之後，反而感到有些震驚。「我知道漆器的技術非常厲害，但完成得實在太漂亮，看起來簡直像個塑膠品。」雷薩格先生如此表示。歐洲人在傳統上，是個喜愛原始木頭帶著樸質感的民族。對他們而言，製作木碗、木盆的木地師巧妙運用「轆轤刨木」的技術，完成木碗的原始風貌，反而更具有魅力。木碗無論在嘴巴觸碰時的感覺，或是輕巧、易拿取的設計都恰到好處，如此經過縝密計算而完成木質的造型美，雷薩格先生希望井助商店能善用木地師的技術。

井助商店於是自行挑戰一項顛覆自我的計畫——「不塗漆的漆器」，他們與曾為日吉屋開發「MOTO」的設計師三宅一成先生攜手合作，在不斷嘗試錯誤下，最後終於完成「MOKU」系列產品。碗身維持天然木頭的原色，當我們把碗堆疊收納成套疊碗組時，就能發現極細圓弧漆線條的設計成為重點，非常獨具特色。

此系列於二〇一三年參加法國巴黎國際家飾用品展「Maison & Objet」時，出現令人驚喜的成果。有一間世界知名的高級品牌前來洽詢，邀請井助商店為該品牌的選品店部門，以委託代工製造的方式生產商品。他們合作開始經過數年後，至今仍持續進行交易。在該品牌的店鋪裡，陳列著與「MOKU」一樣，使用相同木頭帶著原始樸質感的器皿。

這項成功範例，可說帶給了井助商店相當大的啟發。後來，沖野社長進行自我分析：從事漆器的相關業者，總是重視塗漆、以金屬或貝殼塗嵌在漆器表面的蒔繪等工藝技巧，並且不斷重複這些工作步驟，朝著展現技術的方向前進。然而，若在這一點

MOKU（井助商店股份有限公司）。

上逆向操作，反而擄獲喜愛自然風格品味的歐美人士，還能有降低成本的優點。另外，更加有趣的是，由於推出原木的商品，採購人員與井助商店頻繁往來後，採購人員也逐漸明白漆的優點，於是另外推出塗上色漆的商品，在歐洲市場上同樣造成熱銷。另外，我們得知，亞洲原本對漆器之美就十分了解，因此，彩色風格的漆器商品系列，在亞洲市場同樣非常受到歡迎。

由於獲得這些成果，井助商店更發揮累積多年的木頭加工與塗漆技術，以現代設計的力量展現加乘效果，創造了當代風格的品牌「isuke」。目前，包括法國設計師所設計的商品在內，井助商店推出一系列豐富多元的商品陣容。

範例②「以技法斷捨離突破瓶頸」——K＋（熊谷聰商店股份有限公司）

熊谷聰商店自一九三五年創業後，以產地製造批發商社經營京燒——清水燒。它善用與許多陶藝作家、窯廠所形成的網絡，是一間致力於商品企畫開發的老店。

京燒、清水燒具有豐富多元的技法、品味與風格，因此獲得「百花齊放」的評價。不過，聽了熊谷聰商店第三代社長熊谷隆慶先生的公司介紹，我們TCI研究所感到一種危機，如此「什麼都做」的態度，一旦前往海外發展，恐怕會被批評為「缺乏個性」。

在法國顧問雷薩格與三宅一成設計師討論後，針對海外市場進行「技法斷捨離」，並且鎖定有機會造成暢銷的風格。因此，熊谷商店最後決定選擇「花結晶」技法。

這項技法使用富含氧化鋅的釉藥，在陶器的表面會形成猶如花朵綻開般的結晶，從燒成到冷卻，在溫度控制上極度要求精準。它的特色是，在燒製完成後，每一個花紋都有獨一無二的樣貌。

熊谷商店在第一年與設計師合作，挑戰製造具時尚感的方碟盤。不過，就結果來

=K+（熊谷聰商店股份有限公司）。

看，生產效率明顯出現問題。一般而言，製作方碟盤必須使用模具。然而，清水燒基本上使用轆轤成型。因此，窯廠的師傅必須在現場判斷，看著設計師的設計稿，以轆轤製作成圓盤之後，再切割成方碟盤。如此多花一道製程才成型，不但費時耗工，做出來的成果更是精確度不足。如此結果，完全在於設計師與製造者的溝通不足。

因此，從第二年起，熊谷商店決定只以轆轤成型的方式去做，考量歐洲人的生活習慣，完成了濃縮咖啡杯盤組與圓盆，並且將其商品化。製作技法本身與使用轆轤製作圓杯並無差異。為符合歐美國家的餐桌擺設習慣，器皿的造型線條以高雅精緻為主。由於歐洲的餐具收納空間較少，因此商品設計為堆疊款式，即使在空間不大的公寓也能輕鬆收納。在如此調整過後，熊谷聰商店終於在展覽會上取得訂單。

在交易型態上，由於熊谷商店的身分為批發商，並非製造商，所以在成本控制上有一定瓶頸，若透過代理經銷商流通商品，末端價格將會高得驚人。因此，熊谷商店選擇直接批發給代理商。如此一來，消費者就能以合理的價格買到高級質感的商品。這項做法也讓後來的訂單持續成長。

熊谷商店選擇技法斷捨離，成功進軍海外市場。後來又針對海外市場，推出設計師「二K＋」的系列，使其品牌化。最近，熊谷商店不僅製造器皿，還以花結晶的技法，運用在藝術牆的面板上，挑戰奢華風格的生活家飾系列，拓展全新的工藝製造領域。

範例③「由人偶誕生出武士盔甲皮包」——MIYAKE（京人形MIYAKE）

京人形MIYAKE是藉由傳統工藝士[15]——京人形司[16]——以手工製作雛人偶[17]與五月人偶[18]的工坊。然而，隨著居住在公寓的人口增加，傳統節日用的人偶日趨小型化，導致業績營收越來越少。

因此，京人形MIYAKE的第二代傳人三宅玄祥先生於二〇一二年起，決定參加TCI研究所的支援事業。然而，我與法國顧問雷薩格先生一起參觀工坊，看到了大量人

15 傳統工藝士：政府擔憂傳統工藝品產業後繼無人，於1974年訂定此認證制度，使工藝技術能持續傳承。根據日本《傳統工藝品產業法》規定，傳統工藝士必須經由「傳統工藝品產業振興協會」考試取得資格認證。

16 人形司：屬於傳統工藝士的職業，指整合各工匠師傅分別完成人偶用的頭部、手足、小道具等，製作使其成為完整人偶。

MIYAKE 武士盔甲皮包（京人形 **MIYAKE**）。

17 雛人偶：日本每年三月三日是女兒節，有女孩子的家庭為了祈求女兒幸福健康成長，都會在家中擺放「雛人偶」（女兒節人偶）。

18 五月人偶：日本每年五月五日是端午節，同時也是兒童節，為了祈求男孩子健康，遠離病痛與災難，這一天家中會擺放佩戴着盔甲、頭盔和戰鬥防具的武士人偶。由於時逢五月，故又稱為「五月人偶」。

偶，心中頓時感到手足無措。這些人偶的確以非常精湛的技術完成，但我卻理不出任何頭緒，不知道該以什麼方法將它們帶往海外市場。

就在此時，我們留意到，三宅先生為了介紹五月人偶，從別處借來武士盔甲的複製模型。製作五月人偶與武士盔甲的原理相同，必須以繩子穿過金屬片連接，才能成為武士穿著的盔甲。因此，人形司一定相當熟悉這種製作方法。

雷薩格先生與我一致認為，若以在海外也受到歡迎的武士形象為號召，大家一定會對這項商品大感興趣吧。然而，我們不可能原封不動地將盔甲銷往海外，而是以巧思把它的概念運用在某項商品。於是我們想出一個運用在皮包上的點子，委託三宅一成先生著手設計。

第一年，京人形MIYAKE嘗試以繩子穿過極輕薄的鋁片，採用與盔甲相同的連接技法來製作皮包。三宅先生費盡苦心，直到展覽會前一刻才完成，但非常遺憾地，整體的形狀不太協調，皮包的功能與完成度也不夠好。

第二年之後，為了克服這些問題，經過許多波折，最後終於找到一間皮包製造商一起合作。皮革的基礎縫製工作，就交由皮包製造商負責。接著，京人形 MIYAKE 不使用繩子連結鋁片，改以皮革縫接，終於在第三年完成不遜於其他品牌的商品。

儘管京人形 MIYAKE 沒有完全把製作盔甲的技法運用在最後成品上，但皮包的完成度與生產效率卻大幅提升。商品命名為「武士盔甲包」，加上三宅先生親自穿著盔甲，站在展覽會的攤位前介紹，產生非常大的功效。因此，第三次的展覽會終於成功地點燃希望之火。

許多媒體相繼採訪與報導，受到大家的矚目。後來「武士盔甲包」的營收也開始成長。如今，皮包商品占了公司整體營收的百分之三十。假設京人形 MIYAKE 當初沒有接受「人形司製作皮包」的典範轉移——把技法轉換運用在其他商品項目上，想必不會為公司創造這些利潤吧。

唯有獨具創意的商品才能造成熱銷

透過這三個成功範例，我希望大家能夠了解，「Next Market in」在工藝製造的計畫中，不光是稍微改變過往產品的顏色、形狀、結構、外觀等。除了活用工藝的技術與傳統，有時還必須重新轉換方向，賦予產品新的解釋，我們應保持熱忱，去挑戰不曾做過的事物。如此一來，最後成果不僅創新，還能夠確實守護先人傳承給我們的傳統根源。我認為這些獨特的創意具有絕對優勢，一定能牢牢抓住海外人士的心。

處於傳統世界的製造商或中小企業，若想構思出更多獨特的創意，「外部觀點」絕對不可或缺。因此，我希望大家多走出日本，把自己丟進文化差異的世界裡。我衷心期盼，「Next Market in」的成功例子，能夠不斷地出現在日本各地。

第4章

設計師、工匠師傅的工藝製造

我們與設計師、工匠師傅是平起平坐的夥伴關係

如何認識設計師

我在前一章中描述，參加海外展覽會時，與代理經銷商、採購人員接觸，以及在目標市場重新創造熱銷商品等相關流程。我將在本章提出自己的見解，探討如何把製造商的想法化為具體事物，以及如何與設計師、工匠師傅一起順利完成工作。製造商在接觸海外採購人員或代理經銷商之前，一開始大概都是與設計師或工匠師傅一起工作。所謂產品設計，不光是重視其外觀的顏色或形狀，還必須採取策略，感動消費者的內心深處，讓大家喜愛產品——使用的時候心情愉快，擁有的時候感到喜悅——並且會長期使用下去。我們若以高附加價值的商品為目標，就絕對不可以輕忽設計工作。

除了有些公司內部有設計師，不必擔心設計問題，大多數的中小企業都會從「我們

很想製作這種產品，但該去委託誰來設計呢？」的問題開始，許多人都不曉得該上哪去找設計師。

我認為，尋找設計師的方法不止一個。有一種方法是透過其他熟識的企業協助，介紹曾以優良產品設計取得實際成果的設計師。也可以自行在網路上以「產品設計」或「工業設計」等關鍵字搜尋，找出您公司附近從事設計工作的設計師。另外，各地區的產業支援中心等機構，或許也會提供企業與設計師的媒合服務。還有一例，就像日吉屋在展覽會場遇到設計師，後來接受設計師的毛遂自薦。

不管使用哪一種方法，如果找到幾位設計師人選，最好直接與對方碰面討論，並請對方提供過去工作的相關設計作品。不過，必須注意一點，有些設計師雖然完成不少精采的試作品，但實際上成為市面上銷售的商品卻是寥寥無幾。無法商品化的原因非常多，問題也有可能出在製造商身上而非設計師，所以我們無法一概而論。不過，最大的可能是設計上無法克服成本或量產的問題。

選擇兼顧設計與成本的人才

只要是設計師，任誰一定都會以追求「更美、更精緻」的產品設計為志向。在前一章中提到，在海外銷售商品，必須嚴格降低生產成本。因此，這考驗著工作夥伴——設計師本身的工作能力，是否能同時兼顧美感與生產效率等實際問題。儘管設計師能設計出如藝術品般的美麗產品，但就現實角度來看，倘若製程繁複，無法解決成本預算與量產的問題，在海外銷售的計畫就無法成立。

目前，地方政府在傳統工藝產地以補助金制度聘僱設計師，致力於工藝製造工作，這項事業正於全國各地如火如荼進行中。以製造商的立場而言，如果以為讓專業設計師進行設計，就能大受矚目並且提振業績，這種期待實在是太天真。設計師的基本職責是提供優良設計，需負起銷售責任的設計師並不多。當然，也有少數設計師與採購人員關係深厚，或者有媒體宣傳的專業知識，甚至具有商業敏銳度，能確實掌握銷售通路的開拓方式。但無論如何，製造商若想達成銷售長紅的目標，就不該把一切委託給設計師。賣方必須擁有自主性，參與所有與工藝製造相關的工作。

日吉屋綜合這些因素，重視與設計師的對等關係。站在製造商的立場，我不怕說這些話會引來誤解，假設委託著名設計師設計產品，付出一筆可觀的設計費用，我認為或許在短期內，該項產品的價值確實能提升，但它並不會持續提高製造商的品牌價值。另外，設計師一旦成為「老師」的身分，製造商有任何意見反而不敢開口——這是大家絕對要避免的情況。設計師在設計上的確是專業過人，但有關實際上生產製造的問題，沒有人會比製造商還清楚。因此，製造商必須明確地表達自己的意見，例如：產品的強韌度、持久性、製程工序數、是否方便運送等建議。

因此，在日吉屋裡，為提升自己的品牌價值，我們會努力嘗試使設計師站在「我想挑戰這間公司的工作」這個角度思考。設計師絕非只靠金錢就能收買。倘若設計師認為這份工作可以累積自己的經驗，同時也能為公司提供新的價值，一定能藉此激發更多工作熱忱。

如何與設計師簽訂契約

我在TCI研究所擔任顧問時，最常聽到的問題就是：「產品設計費的預算大概需要準備多少呢？」答案其實沒有一定的標準。根據製造商想製作的產品、委託對象，以及契約型態等因素，費用也會有所差異。按照不同的情況，有些費用為二十萬日圓，但也可能達到兩百萬日圓。

因此，我們必須先了解關於契約型態的幾種類型。對於產品設計費用的支付方式，大致可分為「買斷」與「權利金」（royalty）兩種。所謂「買斷」，就是事前決定從產品設計到結束為止的費用，並將費用支付給設計師的一種契約類型。設計費用會計算在產品開發的初期費用內，之後就算該產品造成搶購熱銷，設計費用也不會再增加。反過來看，產品的銷售情況若不佳，這項投資金額就無法發揮任何作用。對設計師來說，即使某些因素導致產品無法商品化，但由於事前收取設計費，因此可以避開風險。

另外，所謂「權利金」，就是製造商與設計師在彼此合意之下簽訂契約，針對該項產品營收支付一定百分比的金額，等同於對設計著作權的等價報酬。以製造商的立場來說，這種契約型態的初期費用為零，沒有任何負擔。倘若產品銷售情況不佳，就能迴避風險。對設計師來說，假設產品不受歡迎，雖然可能有無法商品化而導致零收入的風險，但若產品大賣或持續熱銷，就可以長期收取成功報酬。換句話說，產品是否能創造銷售佳績，將是其中最大的關鍵因素，因此，設計師也必須背負風險與責任。

過去，日本多為買斷的契約型態。然而，近年來在做法上稍有變動，製造商會預先付給設計師若干初期費用，之後再按照合約支付權利金，我認為這種做法會越來越普遍。因為，初期費用如果為零，將會影響設計師創作的動力，工作可能會不斷拖延，讓製造商苦苦等待。

順帶一提，日吉屋到目前為止，一直都是以初期費用為零的權利金型態訂定契約。這是由於當初準備開發「古都里」時，我們根本沒有多餘財力支付初期費用給設計師。

況且，在「古都里」之前，我們經歷開發試作品的失敗，深感必須借助公司外部的能力來開發商品，因此才會讓長根先生接受這樣的條件。但儘管如此，「古都里」從銷售開始已過十年，如今在日本國內外依然是暢銷的商品，所以權利金也是一筆可觀的數字。基本上，我們會每半年支付一次權利金，同時給設計師一份銷售報表，讓他能夠計算核對金額，確認權利金的占比是否正確。

另外，為表示對設計工作的智慧財產權尊重，日吉屋的所有商品都會註明設計師的名字。這項做法也是展現「我們希望與設計師是平起平坐的夥伴關係」的意志。

您的公司要選擇與設計師簽訂哪一種契約型態，都必須靠您的公司自行判斷。但無論如何，請切記事前與設計師詳細討論，在彼此確實合意之下再簽訂契約書。

與設計師一起工作的注意事項

在著手進行設計工作前，製造商必須先決定設計的方向。首先，應讓設計師參觀工坊或工廠，了解工藝製造的技術與流程。確實傳達目前的產品與品牌為何誕生，以及它的相關背景。接著，與設計師一起討論，開發新產品的概念與價格區間設定。

我們在這個階段應重視「能夠做到的事，以及無法做到的事」、「想做什麼，以及不想做什麼」，製造商必須釐清有哪些事項。想在何時完成，把成本控制在多少以下，公司內部的能力範圍與設備有哪些，哪一方面的專業領域需要外包，若不清楚這些前提條件，設計師也會一頭霧水，不知道自己在哪一個領域，該做什麼設計。

當然，假設製造商放棄不曾做過的事情，認為全部都「做不到」，那麼就只能生產充斥在市面上的普通產品。因此，製造商應尋找任何發展的可能性，刻意挑戰困難的工作，保持積極的態度。然而，製造商對設計師的任何要求，如果輕易回答「做得到」，事後卻出現「果然還是沒辦法」的情況時，彼此的互信關係一定會出現裂痕。

製造商與設計師一次討論完產品的定位方向，事後仍然會需要再請設計師前來公司討論。在討論完定位方向，經過一段時間後，設計師將提出初案的設計圖。接著開始製作試作品，製造商與設計師應針對試作品一起找出問題點，同時進行磋商。根據製作難易程度，有時候也必須不斷修改試作品。

閱讀本書的讀者如果考慮與海外的設計師合作，我希望大家能夠事前做好心理準備，這是由於設計過程與對方討論的往來過程，會比一般委託花更多時間。在ＴＣＩ研究所實施的海外發展支援事業裡，我們聘請來自海外的設計師，他們將為參加這項事業的企業進行媒合。根據我的觀察，歐洲設計師首先會積極了解企業產品背後的文化與歷史。比方說，這些歐洲設計師曾運用一位茶釜師（製作茶道器具之一的茶釜工匠師傅；茶釜：燒熱水用的鍋、壺）的技術去製作杯子。因此，他們提出許多對茶道形成過程中的文化、美學等相關問題，儘管這些問題很難在一天之內回答完，他們依然不厭其煩地問個不停，也把它當作一個學習機會。當然，每個人都有個別差異。我感到不可思議的是，北美設計師對工藝產品背景，大概只會稍微簡單詢問，似乎不太追根究柢。

另外，海外設計師對時間的感覺較為悠哉，即使催促對方回覆電子郵件，也不見得立即見效。即使交期逼近，在夏天暑假期間，一整個月毫無音訊也是稀鬆平常的事情。也許以日本人的角度去看，他們實在過於鬆散，但我希望大家能了解，這終究是國家的文化差異。只要製造商事前訂出絕不妥協的交期與其他條件，與對方建立真心溝通的人際關係，就能避免無謂的誤會。

激發工匠的熱情，把設計師的創意化為具體產品

要把設計師的創意化為試作品，再到成品完成的階段，我們必須借助現場工匠師傅

的製造能力。因此，為了進軍海外市場，如果平時沒有把挑戰新的工藝製造這份強烈意志與工匠師傅們共享，一切進展肯定不會順利。

過去，我在日吉屋既是推動計畫的領導人，同時身分也是製造產品的工匠師傅。儘管試作產品非常辛苦，不過既然下決心，就完全沒有任何迷惘。但是，其他工藝製造的實際情況應該沒有這麼簡單吧。新創事業的計畫領導人必須統合設計師與工匠師傅這些不同職能的人，並且朝向同一個目標方向前進。

特別是傳統工藝世界，為製造一項產品，大家會從事細膩的分工，這種情況非常多見。我在前一章中介紹，經營漆器的井助商店亦然，他們有處理木頭加工的木地師，塗上漆液的塗師，每位工匠師傅都在不同的工作崗位上。為了新設計的商品，所有與它相關的工匠師傅們，必須有一致的共識與熱情才能完成目標。

設計師的創意構想，往往與工匠師傅習以為常的工作方式有所衝突。從工匠師傅的立場去看，除了做好本來的工作，還要從交情淺薄的設計師手下接下不曾做過的工作，或許一開始不會露出好臉色。此時，計畫領導人的角色非常重要，必須激發工匠師傅的熱忱，居中建立工匠師傅與設計師的良好關係。不論設計師或工匠師傅，計畫領導人必須讓大家擁有團隊共識。

最重要的是，避免讓工匠師傅在倉促的情況下完成展覽會的試作樣品。過去曾有一個失敗的案例。在展覽會過後，客戶下單訂購，到了交貨階段時，工匠師傅竟然表示：「果然我還是做不出一樣好的品質。」因此，計畫領導人應認真建立完善的流程制度。即使正式銷售、持續接單，也必須讓工匠師傅在這種情況下，維持產品製造的品質。

藉由設計，把「技術」化為「感動」

其①「和服布料化為費拉格慕（Ferragamo）品牌的皮包」——SANJIKU（近江屋股份有限公司）

接下來，我想從TCI研究所協助海外發展的企業中，介紹幾個成功的範例——藉由設計的力量，為既有的技術與材料灌注新氣息。首先介紹的例子是京都的近江屋，它創業於一九四九年，經營項目為批發和服用的白色布料，並以「和之綜合商社」拓展事業。

近江屋以織布與染布為主，他們的強項是，運用所有技術延續和服文化。近江屋新商品開發部的部長泉晃司先生針對海外發展，極力想要運用編繩技法的「三軸組織」這項技術。一般的織法為直線與橫線交織，然而三軸組織的織法，是以一條直線與二

SANJIKU（近江屋股份有限公司）。

條一組的斜線交錯，形成三個方向，交織完成後即成為絲綢布料。據說，能夠織出三軸組織的織布機，全世界僅剩京都府內的這兩台。

近江屋運用了過去公司內部的企畫，以「三軸組織」製作披肩，於二〇一二年參加法國巴黎國際家飾用品展「Maison & Objet」。儘管反應不算差，但是在邊緣的處理與用色上還需要多下功夫。因此，下一個年度起，近江屋與法國飾品設計師維達爾小姐（Marion Vidal）開始合作，著手開發新產品。

接著，近江屋推出了以設計大膽的斜紋線條，加上如洋裝般的優雅方格圖案，搖身一變成為充滿現代風格的披肩，獲得大家的讚賞。如今，它成為近江屋的招牌商品。近江屋也利用這個好機會，打出「傳統和風素材×現代設計」的概念，成立新商品系列「OMIYA CONNECT」，並藉此跨越國界，於世界各地宣傳，致力於推廣工藝製造。

近江屋在海外獲得成功，甚至帶來更多意外的驚喜。二〇一五年，京都市慶祝與義大利佛羅倫斯締結姊妹市五十周年紀念，義大利名牌費拉格慕發布一項消息，他們採用近江屋的三軸組織技術，製作皮包、鞋子與禮服。後來，皮包也在市面上販賣。如此契機，是由於京都市提出幾項方案，費拉格慕最終選擇了「三軸組織」這項傳統技術。這也可說是近江屋積極挑戰海外發展，意外帶來的一項附加效益吧。

順帶一提，近江屋其實是一間商社[19]，並非製造商，在降低生產成本上有一定的限度。倘若近江屋以批發價格透過代理經銷商在歐洲銷售，末端售價將會變得非常高。因此，目前的銷售對象直接鎖定歐洲的零售商，提供日本零售價格的百分之五十左右。設計師維達爾小姐設計的商品在店鋪受到大家喜愛，銷售情況非常好。另外，近江屋近年來也把和服布料當作時尚布料，直接銷售給海外的著名品牌。這對於非製造商的企業來說，不失為一項好的經營選項。

19　日本商社：分為綜合商社及專門商社，主要業務包括商品貿易、行銷、貸款、投資、情報蒐集。

其②「運用特殊印刷技術製造燈罩」
——Horatio（Aporo製作所股份有限公司）

Aporo製作所創業於一九六一年，位在日本東京荒川區。其優勢是使用特殊ＵＶ網版印刷、平版印刷、噴墨印刷等，運用在金屬、壓克力、貼紙與軟質的材料上面，進行特殊印刷加工。

在各式各樣的特殊印刷技術中，目前擔任公司社長的白井健一先生所開發的技術是，以一定厚度的網版印刷，進行多次反覆塗抹的「muscle print」技術。近年來，Aporo製作所運用這項技術，多用於智慧型手機保護殼上。然而，智慧型手機機型汰換率高，好不容易開發並製作完成的手機保護殼，立刻就成為舊款，造成庫存過剩。因此，白井先生也不斷摸索，想找出其他具有魅力的商品，以期發揮這項技術。

接著，Aporo製作所在ＴＣＩ研究所的協助下，與德國設計師希德布朗先生（Axel

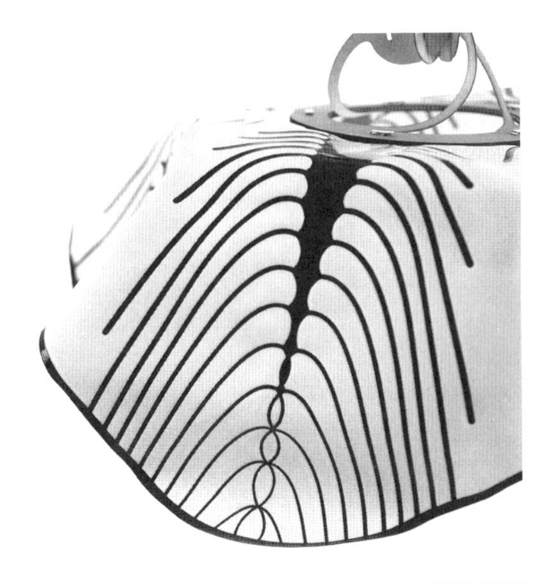

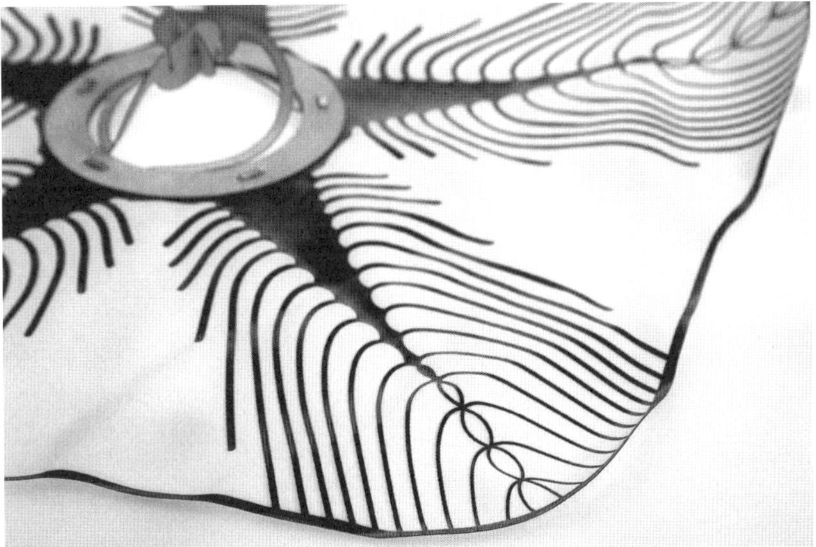

Horatio（Aporo 製作所股份有限公司）。

Hildebrand）攜手合作。希德布朗先生在參觀工廠時想出一個點子——「把 muscle print 技術運用在布料上」。

Aporo 製作所完成的商品為「Horatio」，它最獨特的地方就是使用油墨反覆印刷二十次在耐熱的防火聚酯纖維布料上，花紋圖案印上之後，具有厚度與強度，作用就像燈罩的骨架一樣。我們從包裝裡取出這條平坦的布，把它與燈泡座安裝組合，隨即變身為立體懸垂的美麗布燈罩，讓每個人驚豔不已。

儘管如此，這是 Aporo 製作所第一次把 muscle print 技術運用在布料上。muscle print 技術嚴格要求反覆印刷時不能出現任何一點偏移，所以要將它運用在容易皺折彎曲的布料上實在極為困難。就連平時喊著「絕對不說做不到」口號的 Aporo 製作所夥伴們也感到頭痛不已。所幸，在工廠的師傅建議下，試著以專用的邊框把布料固定後施做，經由不斷嘗試錯誤後終於成功。在這當中，印刷師傅熟練精良的專業技術是絕對不可或缺的條件。

Aporo製作所完成「Horatio」後，於二〇一六年二月到三月，先後參加德國舉辦的「法蘭克福國際消費品展」（Ambiente）與「法蘭克福國際照明展」（Light + Building）這兩個重要的展覽會。許多照明、生活家飾相關的採購人員第一次見到如此劃時代的產品，眼睛不禁為之一亮。Aporo製作所在量產的準備上花費相當多時間，儘管開拓海外銷售通路得看今後的努力，但這項燈罩商品可說是藉由設計的力量大大拓展印刷技術的一個好例子吧。

另外，透過與德國設計師的跨界合作，受到「設計大國——德國」這種「追求真正優異性能，以及完成美麗外型」的創意觸發，對Aporo製作所整體事業來說，也是非常棒的一種刺激吧。

其③「藉由活用LED的『現代暖爐』前進紐約現代美術館」
——MATRIX（KUROI電機股份有限公司）

KUROI電機創業於一九五二年，以照明器具、搭載電子回路先進技術的調光器、電子安定器等產品為經營項目，擁有自豪的技術，並以大型家電廠商的委託代工製造（OEM）為主。

然而，KUROI電機考量今後的成長策略，想脫離代工承包商的定位，轉變為開發商品、從事銷售的企業，因此前來接受TCI研究所的諮商。KUROI電機擁有三百名以上員工，他們公司的照明器具事業中，除了能處理木頭、玻璃、塑膠加工，最具優勢的項目是LED控制技術。

為靈活運用這項優勢，KUROI電機與德國設計師華格納先生（Wolf Wagner）一起合作開發新產品。令人意外的是，這項產品並非照明器具，而是符合現今物聯網時代

MATRIX（KUROI 電機股份有限公司）。

的新型態生活家飾產品。這項產品的名稱為MATRIX，它以曲線造型木頭作為外框，並貼上和紙，框內布滿了三原色的ＬＥＤ燈泡細格，能夠顯示從智慧型手機或電腦傳來的照片或動畫。

設計師華格納先生表示，MATRIX可以稱之為「現代的暖爐」。當使用者看著它顯示著蠟火或是暖爐中的火緩緩搖動時，身心可獲得療癒，具有放鬆的效果。雖然在沒有使用之前，難以明白它的真正效果。然而，就在一間由京都町家[20]改裝的學術研討會場中，當時照明燈光昏暗，突然出現MATRIX的畫面，在場的每一個人都親身感受到這項產品的獨特魅力，真是百聞不如一見。現在，世界上的主流面版，幾乎都會特別強調４Ｋ或８Ｋ的高解析度畫質。然而，MATRIX卻反其道而行，儘管它的影像看起來模糊粗糙，但我們卻能肯定，它藉由降低解析度，帶來不可思議的療癒效果。

MATRIX不僅是新商品，甚至超越商品的領域。我們可以說它開創了一個新的產品項目，成為先鋒。更令人驚訝的是，這項產品雀屏中選，榮登MOMA（紐約現代美

20　町家：都市型日式民宅的一種，以傳統的木造軸組工法建造，為多間緊連在一起的商店與住家一體式建築物。

術館）雜誌的封面照片。

KUROI電機透過MATRIX的成功，重新成立專屬部門，拓展與過去代工製造完全不同的商業經營模式。致力開發有別於過去的照明器具類型商品，將它運用在電子設備上。

KUROI電機仍由原來的生產單位繼續維持過去經營的代工製造獲利模式。如此一來，在不侵犯既有客戶的商業領域情況下，同時以全新的商業類型，積極挑戰工藝製造，開創新價值，這可說是共存共榮的最佳範例。

第5章

以有效的宣傳、品牌打造來提高知名度

打造品牌需要開發商品、時間、努力與預算

僅靠「努力製造好產品」仍嫌不足

近來，我們耳邊經常能聽到「打造品牌」這個詞彙。所謂「打造品牌」，就是企業對消費者承諾，訂出堅定不移的企業理念，並以此作為遠景目標。透過品牌，能讓消費者享受商品帶來的功能性、安心感、充實滿足、喜悅等價值。倘若您的公司想全心全意創造獨一無二的商品，就必須「揚起旗幟」，將它的價值正確地傳播到世界上。

也就是說，應明確地傳達品牌概念，藉由打造品牌的名稱、商標、象徵符號、外觀包裝（這些項目統稱為BI，即品牌識別，brand identity），產生一種吸引力——讓消費者站在店面時，能夠情不自禁地想拿起商品。同時，透過公司的網站、宣傳單等傳播訊息，使消費者的焦點放在企業理念、工藝製造的技術、產品背後隱藏的故事。接著

善用報紙、電視、雜誌、網際網路、社群網站等媒體，努力擴大宣傳品牌的相關資訊。

在這個資訊過剩的時代，若無法揚起讓人們放眼望去就能看到的「旗幟」，那麼不論商品或品牌，就等同不存在於這個世界一樣，不管再製造多少優異的商品都是枉然。今後，若想在日本國內外經營自己公司的品牌，就必須把「努力製造好產品」、「努力讓大眾知道我們製造好產品」以及「努力宣傳我們能夠提供的價值」這幾件事情做好。要製造好產品確實非常勞心勞力，但只是一味地重視製造工作，就必須小心自己將會忽略思考如何建立品牌的價值。

因此，我在第二章中也曾提過，TCI研究所建議有志前往海外發展的中小企業，應規畫出三年的藍圖。特別是在第二年到第三年，除了持續商品開發，同時必須努力打造品牌、擬訂行銷宣傳策略等實施計畫。在進入期待已久的市場正式銷售之前，應盡一切努力，完成有效的宣傳策略。

打造品牌的各項設計工作該委託誰？

倘若想設計商標、圖案、包裝等工作時，當然可以委託負責商品設計的產品設計師來做。然而，這些項目其實是平面設計師的專長，他們與產品設計師擅長設計立體物品的工作特性完全不同。平面設計師的主要工作，首先應吸收品牌理念、商品特色、目標客層等，再思考以何種方式呈現，傳達品牌的世界觀（有些企業會視需求情況，同時聘請專攻打造品牌的統籌規畫製作人、藝術總監、創意總監等不同角色職務）。

簡單來說，平面設計師就是擅長各種設計工作的人，包括：商標設計、手冊編輯設計、包裝設計。重要的是，我們應儘量尋找能夠在打造品牌時進行全面思考的平面設計師。當然，即使委託產品設計師也是一樣，還是有人能夠把事情做得面面俱到。

另外，由於必須製作宣傳單與網站，因此需要攝影師、網站設計師、程式設計師（能使網站運作順暢的技術人員）等相關人員，若是架設公司專屬的電子商務網站，必須聘請專業的工程師。

企業若是將這些事務與行銷宣傳工作委託廣告公司處理，將是一筆龐大的開銷。我不清楚大企業的做法，不過，中小企業的預算有限，我們應與創作設計人員仔細溝通，同時以小巧精簡的團隊進行工作較為適合。大家共同發展品牌的「故事」，一同思考它的傳達方式。

接著，品牌命名、設計商標與包裝應同時進行，過程至少得花三個月，包裝印刷必須經過許多流程才能完成。再來是決定宣傳冊子與網站刊載的內容，拍攝最終完成的商品，以及商品製造的幕後花絮等，這些還得再多花三個月到六個月的時間。為了打造品牌，在開發商品上必須花費一定的時間、勞力、預算，它正是一項辛苦的工作。

與其打廣告，中小企業更應善用「故事」來宣傳

廣告失靈的時代，該如何運用有限的預算？

當產品順利完成，設計商標、圖案、包裝之後，接下來就準備進入實際銷售的階段。此時，我們必須思考如何做好「宣傳」工作。倘若委託大型廣告公司代為處理宣傳工作，採用著名人士拍攝電視廣告或登上雜誌宣傳，以全版廣告刊載在全國性的各大報紙上，或者運用大量夾報宣傳單等方法，確實會使產品知名度提升。然而，由於它過於耗費金錢，如果無法繼續花錢打廣告，就會像短暫的美麗煙火一樣，宣傳效果也將隨之告終，變得毫無意義。

中小企業應去思考，我們該做的並不是這種「廣告」，而是靈活運用自己的獨特「故事」進行「宣傳」，公司的網站與宣傳單就是最好的宣傳工具。運用臉書或

Instagram 等社群軟體，就能有效建立管道，與大眾連結。不過，只靠這些方法仍稍嫌不足。中小企業應主動出擊，撰寫新聞稿傳送給相關媒體，提供媒體「想採訪並寫成報導文章」的故事。

所謂「廣告」，就是企業絞盡腦汁，向消費者傳達「我們公司的商品就是這麼棒，請您購買，敬請多加惠顧」的訊息。然而，現代人選擇取捨資訊的眼光非常挑剔，以營利為宗旨的廣告，效果一年不如一年。

但是，假使是媒體採訪寫成報導文章，就會有別於企業的想法，以局外人的身分，也就是記者的觀點來陳述。由於記者站在消費者的立場，能觀察企業的產品與用心程度，因為感到「有趣」、「有貢獻於社會的價值」而寫成報導文章，所以容易打動消費者的心。再者，我們把新聞稿傳送給各媒體，就算這項工作採取外包作業，它的費用也會比一般廣告費還要低廉。

那麼，讓媒體感到興趣而想去報導的祕訣是什麼呢？關鍵在於，企業能否提出融合核心競爭能力（優勢）與品牌概念這兩者的「獨特性」（企業與產品的獨一無二之處）。

以日吉屋為例，我們的故事正是「稀有」＋「歷史」＋「出乎意外」。所謂「稀少」，指的是「京都碩果僅存的一間京和傘製造商」。接下來，「歷史」是指「有茶道世家的認證」與「五代經營一百六十年的傳統」。再加上「出乎意外」——「現任社長的過去曾經是公務員，後來入贅接手家業」、「運用和傘製造技術開發照明設計」與「與海外設計師跨界合作，開拓海外銷售通路」等事蹟。我們把這些事情寫成新聞稿後，所有媒體無一不展現出對我們的興趣。

我之所以了解到宣傳的重要，是二〇〇六年開始推出「古都里」商品之際。當時與我們這項計畫有密切關係的人是島田昭彥先生，他在《mono》雜誌上的專欄連載文章介紹「古都里」，引起讀者廣大迴響。同時，我們持續提供新聞稿，讓過去許多報導過和傘的媒體也來採訪「古都里」的故事，同樣獲得許多令人驚訝的報導篇幅。

當媒體收到新聞稿，準備採訪工作之前，事前需要蒐集日吉屋的資訊，所以一定會查詢官方網站。因此，從媒體的角度來看，我們不該隨意規畫網站，應網羅所有必要的資訊，確實整合網站的內容。

所幸，我們在開發照明設計器具以前，過去來採訪和傘的媒體約有一百多家左右，所以開始銷售「古都里」後，我們並不愁新聞稿要發送到哪裡去。也許每年寄送賀年卡發揮功效，許多記者與撰稿人似乎仍記得「日吉屋」的存在（有個小插曲：在我還沒當社長之前，為了讓媒體知道和傘的存在，我把和傘放進吉他收納盒裡，以「和傘武士」的身分跑遍東京各大出版社，這段往事至今仍令我懷念）。

「古都里」銷售後，只要日吉屋有新商品或參加展覽會等相關資訊時，我們依然會持續發送新聞稿給媒體，藉此保持接觸點。即使我從來沒有學習如何撰寫專業的新聞稿或宣傳策略，但我腦中總會思考「哪一種資訊可以觸動媒體」，同時不斷尋找與實踐，學習如何掌握宣傳的訣竅，並持續累積專業知識。

媒體一旦認知「這間企業的做法非常有趣」，自然會持續關注企業往後的一舉一動，對我們發送的新聞稿內容就更容易產生興趣。也就是說，它成為一篇報導文章的機率相當高。只不過，為了讓媒體保持興趣，每次舉辦活動的內容都必須維持新鮮感才行。

就媒體的角度而言，能夠引起讀者或觀眾共鳴，提供「能了解這些事情真好」的資訊，也能使雜誌、報紙的銷量增加，或電視節目的收視率上升，更能藉此提高媒體本身的價值。倘若想讓媒體採訪報導，我們必須站在第三方的角度——「就算給業界以外的人來看，是否仍覺得有趣，並且淺顯易懂？」因此，再次檢視自己公司對外宣傳的故事同樣非常重要。

企業靈活運用這些「故事」，並且持續不斷宣傳，對於品牌的成長將是不可或缺的工作。

建立個人品牌風格，培養魅力成為活招牌

在賦予品牌故事的過程中，我希望身為品牌靈魂人物的董事長、社長，或者專案計畫負責人，能夠嘗試「打造個人品牌」，這也是重要工作的一環。不論媒體進行採訪，或站在展覽會上的攤位時，當事人應突顯自我個性，成為醒目的存在。古時候，人們把誇張的裝扮或行徑稱為「傾奇」。正因為如此，我認為「傾奇」的概念非常適合作為品牌的一種圖騰。不過，更重要的是，我們應該把這種個性與品牌概念、世界觀巧妙地連結在一起。

舉例來說，身為日吉屋的代表，我在二〇〇八年的年初參加海外展覽會。我穿著和服，有時是僧侶打掃工作時的作務衣，把頭髮束於後方，裝扮成「摩登武士」的造型。由於當時還沒有任何知名度，我想藉此吸引大家的目光，一眼就能將我分辨出來。幸虧，此舉受到媒體青睞，我接受許多採訪。最後，我認為我個人帶給大家的印象，強烈地與日吉屋品牌形象結合在一起。

然而，就在不久之後，因參加展覽會，我們的知名度隨之提高。我放棄穿著和服，刻意以深黑高領上衣搭配開襟外套，以及長褲等較輕鬆休閒的穿著打扮。雖然仍維持頭髮束於後方的招牌髮型，但與過去比較，現在則為和洋混合的創作者造型。換句話說，我轉換造型，也代表了自己想在傳統與創新之間取得適當的平衡。

我在第二章介紹西村友禪雕刻店的西村先生，當時也給他相同的建議。一開始，西村先生的打扮是白色襯衫搭配西裝褲與領帶，但是上半身又披了一件作務衣，腳上穿的是皮鞋，如此搭配似乎缺少了什麼。

於是，我懇求西村先生改變造型，在作務衣裡面穿著深色高領衣，換上休閒長褲，腳上的皮鞋改成分趾鞋（地下足袋），並且請他去京都一間名為SOUSOU的店鋪購買。這間SOUSOU店鋪藉由設計，把日本的傳統織布應用在符合現代流行的休閒時尚品牌上。接著，正如我所預料，西村先生化身為現代風格的行者及忍者的樣貌，與他精湛的工藝技術十分相襯，在海外展覽會上獲得優異評價，大家封他為「傳奇」，目前在歐洲非常炙手可熱。

除了重視外表，我們在發表簡報時取一個簡單好記、如同標語一樣的頭銜也非常有效。例如，我在第三章介紹經營漆器的井助商店，沖野先生就使用了「URUSHI Producer」（漆器統籌規畫製作人）的頭銜。這個頭銜的意義就像指揮者一樣，能發揮許多工藝師傅的技術，並將其整合，與現今的設計力量相加乘，成為充滿魅力的新漆器創造者。除了這個頭銜，我們建議沖野先生穿著紅色與黑色搭配的服裝，能令人一眼聯想到漆器。再使用塗上色漆的眼鏡框、智慧型手機保護殼、名片盒等，親自示範如何運用商品。如此一來，大家對井助商店的品牌與沖野先生的印象就會連結在一起，最後留下深刻印象。

此外，我們也曾出現在家飾生活、設計等雜誌的特輯中。最近，經營管理類的報紙與雜誌也以海外發展的成功範例來報導我們公司。在這幾年當中，除了日本國內，歐美及亞洲圈的雜誌也前來採訪我們。企業應把握機會，在多重管道中露臉，就像我們不拘泥特定媒體一樣。當然，倘若媒體與品牌的世界觀有所衝突，或者採訪的內容可能導致品牌格調降低，這些都必須事前篩選並加以婉拒。我認為，培養一個品牌理當如此，應穩紮穩打，但也必須步步為營。

回顧過去的採訪，到目前為止，我不記得自己重覆講過多少次相同的內容。雖然累積相當多採訪與應對的經驗，但即使如此，我仍然無法肯定社會大眾是否知道日吉屋這間小公司的理念。一般人透過媒體接觸日吉屋的資訊，其實都只在一瞬間而已。因此，今後我依舊會持續透過媒體與大眾接觸，讓許多人一聽到日吉屋的名字，就會聯想並且出現「啊，不就是那間和傘屋嗎？」的共通反應。為此，我會虛心努力，一點一滴累積，不斷地傳播我們的理念。

因此，無論一百次也好，一千次也罷，我會持續講述相同的事情。我若不去訴說，品牌價值就不會上升，更不會創造歷史。為此，我將遵循企業的經營理念，不論多少次，我依然會帶著自信去訴說這一切。我認為，不斷在媒體上談論自己公司的信念，也能鍛鍊出堅定不移的意志。

【實戰案例】遇見前愛瑪仕國際公司的副社長——齋藤峰明

何謂「培養品牌」？在這項課題中，給我極大啟發的人物，就是齋藤峰明先生了。齋藤先生在高中畢業後，隻身前往法國，在當地一邊念大學，一邊在「三越旅行社」打工，磨練企畫與執行的能力。後來進入「巴黎三越」公司就職，以打造「介紹日本現代設計雜貨的店鋪」為主要工作。接著，「愛瑪仕」相中了齋藤先生的手腕，聘請他工作。經過愛瑪仕 JAPAN 社長的歷練之後，齋藤先生爬上了愛瑪仕總公司的副社長之位。

關於齋藤先生如何成就「巴黎三越」與「愛瑪仕」的事業，在他的著作《愛馬仕教我做好商品不用靠行銷：副社長齋藤峰明，公開年獲利30%的祕密》有詳盡的介紹，有興趣的讀者不妨一讀。

若閱讀這本書籍就能明白，愛瑪仕品牌的精髓，除了重視工匠文化，同時不僅提供工藝品，更強調提供給社會「把美麗與高品質的物品融入生活之中，帶來精神上的豐裕滋潤」。「愛瑪仕」遵循傳統，不隨波逐流。另一方面，愛瑪仕並非頑固保守，它掌握了時代氛圍，優雅地融入商品之中，以獨特形式使其昇華，成為珍貴稀有的品牌。而齋藤先生正是體現愛瑪仕精髓的一位紳士。

二〇一四年，我在巴黎遇見齋藤先生，那是齋藤先生離開愛瑪仕的前一年。至今，我依然忘不掉齋藤先生的一段話：「在日本，有許多工匠的工作絲毫不遜於愛瑪仕。然而，就真正的意義而言，在日本其實沒有品牌。」齋藤先生所謂的品牌，就我的理解來看，如前一頁圖表所示——企業必須擁有明確的理念、哲學，具體實現在商品之中，並且不斷在市面上推陳出新，而把這種行為層次提升到「企業文化」與「傳統」的領域，大眾就會產生堅定不移的信賴感。目前，只要聽到愛瑪仕的品牌名稱，任誰都會聯想到高雅時尚的生活型態，正因為大眾信任它，才能夠擁有這種品牌力量。

後來，齋藤先生退職離開愛瑪仕，成立 Scenery International 公司，希望能介紹日本優異的工藝製造給全世界。接著，他在巴黎瑪萊區設立宣傳基地「Atelier Blancs Manteaux」，藉此引領趨勢。齋藤先生擔任最高總監一職。從總部成立後，我與另一位法國夥伴也一起參與其中的各項活動。

剛好就在這個時期，我在海外推廣TCI研究所的事業，非常希望有一所實體空間，讓我們與當地人們互動，以增加許多日本工藝製造的愛好者。有了這個實體空間，就更容易宣揚自己的企業理念，我們能與大家面對面，仔細介紹「日本工匠師傅的技術就是如此精湛」。此外，還可以增加許多新的合作機會。這個階段對日吉屋或 TCI研究所來說，是從苦心經營海外經銷商與採購人員的關係，開始轉往下一個階段的發展時期。要是沒有遇見齋藤先生，我們一定無法獲得這種挑戰

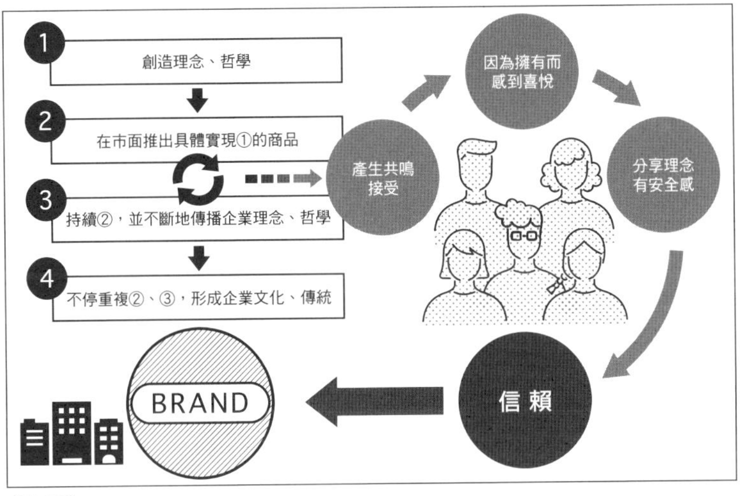
1
創造理念、哲學
2
在市面推出具體實現①的商品
3
持續②，並不斷地傳播企業理念、哲學
4
不停重複②、③，形成企業文化、傳統
產生共鳴
接受
因為擁有而
感到喜悅
分享理念
有安全感
信賴
BRAND

培養品牌。

機會吧。

「Atelier Blancs Manteaux」具有三大功能：在藝術中心定期舉辦主題企畫的展示銷售活動；於選品店中販賣「推薦給世界上的每一個人，二十一世紀生活中的日本商品」；運用日本傳統技術與材料的時尚服飾與生活家飾精品的收藏展示空間。另外，這個展示空間還能作為時尚品牌、生活家飾與專業建築類的商談場地。

「Atelier」有工作室、工坊的意義。之所以取這個名稱，是由於店鋪不僅販賣商品，更代表藉由日本工匠師傅與海外創作者的跨界合作，能為工藝製造開拓更多機會。我期盼在日本各地從事優異的工藝製造者，若有機會，請善用齋藤先生率領的工作室網路。若能與榮獲世界肯定的日本品牌一同成長，對我而言就是再喜悅不過的事情。

Atelier Blancs Manteaux (www.abmparis.com)。

第6章

日吉屋方法適用於所有領域

世界越來越接近我們

日本人口逐漸減少、世界人口持續增加

根據日本總務省[21]的統計資料，推估日本人口在二〇三〇年，有一億一千六百六十二萬人。再過十八年後的二〇四八年，將跌破一億人大關，預估人口為九千九百十三萬人。到了二〇六〇年，更會驟減到八千六百七十四萬人。甚至，工作年齡人口（十五歲到六十四歲）到了二〇六〇預估只占總人口的百分之五十一，代表消費人口每年不斷減少。

但是，我們試著去看全世界，人口卻處於爆炸增加的情況之中。根據聯合國統計資料，在過去一九五〇年，世界人口為二十五億人，到了一九八七年增加到五十億人，二〇一一年達到七十億人。推估二〇五〇年，將會成長到九十八億人，如此急速的成長率實在令人驚訝。

21 總務省：日本行政機關之一，負責所有與國民生活基礎相關的行政事務。功能近似我國的內政部。

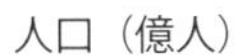

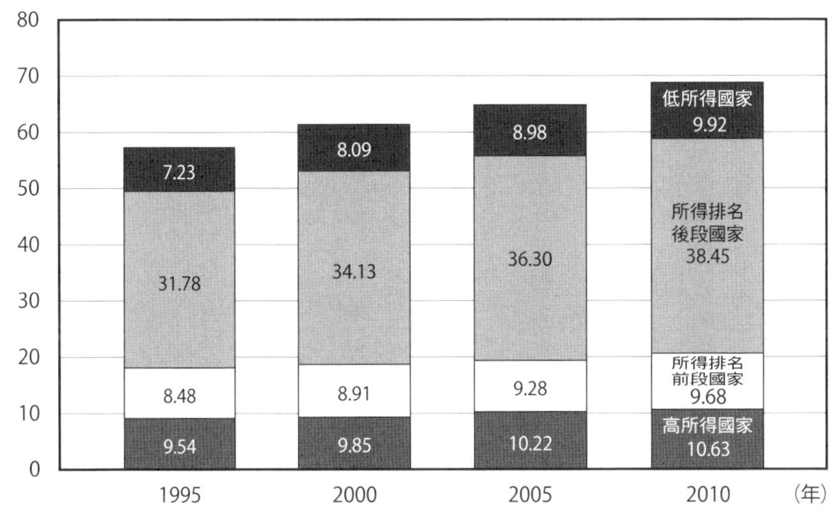

世界人口變遷圖表（資料來源：總務省「資訊通信產業、服務動向、國際比較相關研究調查」（2012年）（根據世界銀行「World Development Indicators」製作）。

特別是在人口成長率顯著的新興國家，儘管一般國民的生活水準遠不及先進國家，但我們觀察部分富裕階層人士的生活，恐怕已遠超過日本富豪的等級。而且這些重要層級的人士，在這個世界上已越來越多。

綜觀這些因素，今後日本製造商若想尋求一線生機，顯然不能只侷限在日本國內市場，必須進軍世界尋求更多發展機會。說得更極端一些，在世界人口流動急速變化當中，入境日本的外國人不僅觀光，來工作或以留學為目的，長期居住生活在日本的比例，今後只會不斷增加吧。多元化的時代來臨，儘管我們在日本國內仍然能持續經營，但朝全球化發展的時代或許已越來越近。

二〇一七年暑假，我攜家帶眷前往北海道度假，一眼望去，住宿飯店的員工有將近半數都是外國人，我對此感到相當驚訝。我再次察覺，「世界」越來越接近我們，就像日常一樣自然，它正逐漸進入我們的生活。我看著就讀國際學校的女兒，從她開始懂事以來，對電腦或智慧型手機的操作就非常熟練。她正是所謂數位原生世代（Digital

Natives），與世界上的朋友在網路線上即時連線、互動，彷彿一切理所當然。對於曾歷經沒有手機或電腦時代的我來說恍如隔世，不論先進國家或新興國家，這種情況正在全世界發生。另一方面，我們去看日本的年輕世代，高齡少子化的問題越來越嚴重，許多人依然保守，只願意留在日本國內發展。到現在還是有許多人對英語排斥、對海外過敏，若情況繼續這樣下去，我不禁要擔憂大家的未來發展。

TCI研究所在京都市的支援下，從二〇一二年開始推動其中一項專案計畫，名稱為「當代京都」。這項計畫運用京都傳統產業的技術、設計能力，開發出符合現代生活型態的生活用品與生活家飾商品，並且向法國等海外國家宣傳這些資訊。在這項計畫裡，運用TCI研究所建立的網絡，推動與法國設計師跨界合作的計畫。從二〇一四年開始，TCI研究所活用京都市與巴黎市姊妹城市的關係，與巴黎市營運培養年輕創作者的設施「Ateliers de Paris」攜手合作。於是，一口氣增加了許多參與計畫的優秀創作者。

大約在三年前同一時期，在「當代京都」計畫中，由大學主導計畫，把就讀京都市大學經營學部的外國籍學生，以短期的方式派遣到工匠師傅的工作現場，參與產品開發與宣傳等創意思考相關工作。參加這項計畫的學生來自全球各地，包括歐洲、亞洲、中東、北美、南美等地。目前日本全國各地都在招募海外留學生，我們今後接觸優秀人才的機會，一定會越來越多吧。

在閱讀本書的讀者之中，或許有許多人認為，自己的公司無法把第三章提到的「打造海外採購人員的關係」這項工作做好，因此選擇放棄這條路。然而，一想到日本有這麼多海外人才湧入，就與海外人士的接觸機會、帶入「外部觀點」來製造產品的這層意義而言，與過去相比，現在能做的事情實在太多了。

比方說，剛才提到ＴＣＩ研究所的例子，透過地方政府或大學主導，讓外籍學生能夠參與工作也是一種方法，企業也樂於接受外國人前來實習。到目前為止，日吉屋同樣也接受了許多來自亞洲或歐洲等國家的實習生。當然，他們並非專業的採購人員，或是擁有相關採購經驗的商務人士。但是，我們卻能了解，自己的產品以什麼樣貌反映在這些海外消費者的眼中。因此，他們的意見同樣帶給我們相當大的啟發、靈感。

企業有了接受外國學生來實習的經驗後，下一個階段就能開始考慮，是否需要聘僱外國人來工作。由於精通母語與英語的雙語人士，以及精通其他國家語言的多語人才相當多，若聘僱這些人才，不論是海外展覽會的商談會溝通，或是處理由海外來的洽詢，運作上將會變得更順暢。

現在，世界以前所未有的速度，越來越接近我們的生活；此刻，正是進軍世界最好的時機。我們不應只是重複相同的事情，而是要在小小的變革中不斷嘗試錯誤，觀察這些成果在市場上的反應，參考各種回饋意見，提高產品的品質，藉由PDCA循環（計畫、執行、評價、改善），持續使公司升級成長。

日本的工藝製造潛藏著吸引世界的魅力

如同前面所述，在「當代京都」的專案計畫裡，我們與巴黎市營運培養年輕創作者的設施「Ateliers de Paris」攜手合作。擔任「Ateliers de Paris」館長的賽恩斯女士（Francoise Seince）表示：「對法國年輕設計師而言，能夠接觸日本的技術與創意靈感是相當棒的經驗，日本堪稱技術大國，能夠在日本從事工藝製造，正是設計師們的夢想。」我認為，海外設計師在第一次認識與接觸日本的工藝製造，以及了解其背景之後，沒有一個人不為日本人認真與誠懇的工匠氣質所感動。

正如第一章描述，日本仍有許多尚未被世界發現的傳統與技術，以及世上屈指可數的科技等。到目前為止，這些資訊僅於日本國內的小小業界裡互相流通。正確而言，在日本國內，尚未公開的「好物」簡直堆積如山。

這些並不侷限於像日吉屋一樣的傳統工藝世界。最近，在TCI研究所進行的支援事業當中，與傳統產業完全不同的工業產品製造商前來尋求協助的例子也不少。我認為，透過這項經驗模式——「日吉屋的方法適用於任何領域」。

例如，從二〇一六年開始，與TCI研究所往來的德島縣中小企業海外發展支援事業「Blue2@Tokushima」專案計畫正是一個獨特的例子。它以「藍色與青色LED」兩種藍色為主題，採用海外設計師的工藝製造觀點，向世界展現德島製造商所擁有的技術。只不過，德島並非「矽谷」而是「LED谷」，它是LED相關企業的聚集地。即使在日本國內，也鮮少人知道這項事實。因此，我們應聚焦在這種「內行人才知道」的技術上，挖掘它背後的故事，並且思考用什麼方式呈現給全世界，將自己的製造技術提升到「品牌」層次。我認為，這對於日本各地的小型製造商來說，是今後必須努力的一項重要工作。

這項專案計畫的獨特之處，就在於它把地方傳統產業與工業類這兩者的製造商結合起來。我認為，今後依然有非常多機會，藉由低科技與高科技的融合，創造充滿趣味的工藝製造。未來，若想運用高科技技術，在產品性能、量產性等規格層面追求差異化，將會變得越來越困難（除非有特別創新的技術或新發明）。因此，靠著人們雙手的低科技工作，它能夠超越規格的層次，帶來「感動」、「驚奇」或「豐裕」等高附加價值，開創工藝製造的康莊大道。

掌握世界「客製化訂做市場」的可能性

選擇不打價格戰的戰場

現今，市場上出現像亞馬遜或百度這種大型的「B to C」（企業直接與顧客交易）平台，它們靠著跨境電子商務市場，在世界任何一個角落，都能搜尋並且流通商品。另一方面，在二〇一〇年之後，出現了所謂的小型經營者，人稱「自造者運動」（或稱「創客運動」，Maker Movement），他們的經營型態就像過去的家庭工業一樣，在利基市場上推出堅持獨特風格的產品，引起愛好者的共鳴，受到相當大的矚目。

我想大家應該都知道，在日本，有一些創作者會自行在網路上販賣個人作品，在手工製造的市場上造成轟動。這種情形在世界上也相同。受大眾喜愛的創作者，他們在社群網站上擁有龐大的追蹤訂閱者，其中有人藉由「C to C」（Consumer to Consumer，消費者直接與消費者交易）創造了為數可觀的驚人收益。我們可以想像，今後若是3D列印機等輸出裝置普及家庭，就能出現「Designer to C」（設計師對消費者，消費者可在線上購買設計資料，自行在家裡使用3D列印機取得商品）的新市場。

這些現象可說是呼應了人類對「追求個性」、「追求自我」的潛在欲望。這一類追求屬於個人的獨特風格空間，因應個人喜好而出現的客製化商品或流行時尚——針對個人喜好的商業模式，今後一定會更受大眾歡迎吧。因此，我認為，過去日本工匠師傅的這種「客製化訂做」方式，將成為未來市場的龐大商機。

事實上，日吉屋這幾年致力於經營國內外高級飯店、餐廳等客戶的「客製化訂做」業務。換句話說，我們並非提供在市面上流通的成品，而是從材料、形狀到尺寸大小，經由事前調查、掌握顧客的期望，再製作成商品——這正是客製化訂做的世界。透過這種客製化訂做工作，我確實感受，這種乍看下難以察覺的巨大市場正逐漸擴大。

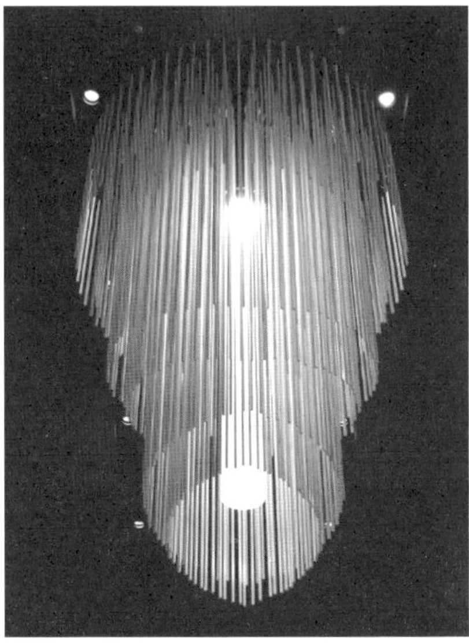

日吉屋「客製化訂做」實例。

若想購買成品，消費者可透過網路搜尋，在相同的品質下，比較不同網站的商品與價格，最後選擇最便宜的商品，按下確認鍵結帳購買。這代表相同的商品或同等級商品，即使在地區、民族、經濟水準等不同條件下，消費者選擇最便宜的心態不會改變，它屬於人類共通的自然普遍行為。然而，僅靠網路買到固定規格成品，肯定無法滿足世界上所有的人。

於是，最近出現一種人，不屬於企業行號，而是以個人身分，透過網路尋找，嘗試接觸能製造單件生活家飾商品、室內裝潢材料的生產製造者。這種人大多是富裕階層的顧客，或是接受富裕階層人士委託，透過各種管道尋找獨一無二商品的專業人士（例如設計師）等。日吉屋也經常接受這種專業人士的委託，進行「客製化訂做」商品。

倘若配合顧客需求訂做產品，由於在最初標示價格上有難度，因此並不適合購物網站這類一鍵式完成訂購的系統。因為在過程中，我們需要不斷與顧客來回溝通——首先了解顧客需求，接著請顧客確認樣品，包括顏色或材料、質感等細節，再提出製作與完成的方式，最後取得顧客同意。

這種客製的商業模式，與亞馬遜或百度這類大型跨境電子商務的戰場不同，因此不會捲入價格競爭的漩渦裡。以日吉屋在海外的實例來看，一件製作水晶吊燈的支付款項，可達一千萬日圓或者更高。另外，我們必須思考，如何向顧客簡報，介紹自己公司的工藝製造相關資訊，以及如何持續與顧客取得溝通。我們不應只依賴網際網路等線上網路（Online Network）系統，必須有人為介入的線下網路（Offline Network）真人服務。不過，這些工作肯定相當耗費時間與勞力。

掌握新的可能機會——材料事業

那麼，有些製造商如果無法像日吉屋一樣，靠著自己的公司完成「客製化訂做」產品時該怎麼辦？我認為，經營「材料事業」有非常大的發展機會。實際上，ＴＣＩ研究所成立了一個新部門「JDLI（Japan Design Lighting & Interior）」。這個部門針對國內外發展生活家飾商品，每一年的營收持續穩定成長。另外，參加TCI研究所各種支援事業的企業，運用日本傳統及先進技術，製作生活家飾材料（陶板、和紙、布料、漆、木材、金箔、金屬加工等）與流行成衣材料（紡織物、染布、刺繡、材料加工技術），以業務用材料銷售給非一般消費者的專業公司。

第五章提到，巴黎的「Atelier Blancs Manteaux」正是一個能夠接觸專業人士的場所。在這裡的展示區裡，收藏許多日本各地小型製造商的產品：極具個性的生活家飾、流行成衣的材料。同時也是與專業人士商談的場合，包括對商品堅持要求的客戶，以及追求嶄新與魅力的建築師、生活家飾設計師、產品設計師、著名時裝品牌設計師等。

通常以價格取勝而大量生產的塑膠壁紙，一平方公尺大約數百日圓左右。然而，若是高級飯店室內裝修使用的塑膠壁紙，一平方公尺可達數千日圓以上，甚至一萬日圓以上都不足為奇。以流行服飾產業的例子來看，儘管快時尚品牌店鋪所使用的壁紙單價都在數百日圓，但是在高級訂製服時裝秀中使用的壁紙，視情況從數千日圓到數萬日圓都有。當然，他們的訂購量並非達數千公尺的量產等級，但卻會使用多個以數十公尺為單位的不同圖案，訂購數量也會因此增加。正因為這個領域，大家特別重視製造商的理念、歷史、背景等文化方面相關事蹟。

日本運用精湛技術的材料正受到世界矚目，令人為之驚訝。針對海外市場，我們只要稍加升級使其更加精緻高雅，無疑就能成為創作人士「想要使用」的材料。在日本，我想應該還有許多優異的材料尚未被世界發現吧。我參與的「Atelier Blancs Manteaux」正是一所協助日本製造商推廣材料的場所，我期望今後能出現更多像這樣具有整合能力的統籌規畫製作者，聚集日本的材料，經過改良，持續地向海外宣傳。

與人接觸、對話以拓展視野

從我進入日吉屋就職以來，所做的事情都在打破常規框架，不停地重複循環。破除「和傘」與「遵循傳統」的既定框架也是相同道理，原因在於我同時具備了「外人」、「傻瓜」、「年輕人」這三種條件的緣故。接著，開始出現各種因緣際會，我得以開拓視野，從此經營「在世界販賣日本工藝品」的事業，這是當初進入日吉屋始料未及的事情。

掌握同行的業界動向確實非常重要，但若只是受到業界內的既定觀念影響，則是非常危險的事情。我認為，就算是小型製造商，也不應受到業界狹隘的常識束縛。希望從今天開始，大家應經常與不同領域的人士交流。譬如海外的採購人員、設計師等，不斷拓展自己的眼界。

長久以來，日本的工藝製造產業因高度結構化而大幅成長。在傳統工藝的世界裡，批發商就像統籌規畫製作者一樣，具有相當大的力量。因此，批發商下面有織布、染布、雕刻、塗漆、加工等專業工匠，便能專注在自己的工作上，投注所有精力，把工作做得更細膩完美。然而，在工業的世界裡，大型製造商下面有承包商、承包商再轉包給業者等結構。在如此牢不可破的金字塔階級中，工匠師傅同伴或工廠同伴幾乎無法橫向串聯在一起。

然而，今後的時代將成為各種不同立場的人匯集在一個平面上的時代，運用彼此的專業，就像一個團體組織一樣，大家一起挑戰工藝製造產品。

所謂日吉屋的核心，就是在確立堅定不移的企業理念、哲學之前，不去輕視「外人」、「傻瓜」、「年輕人」的聲音，總之，日吉屋傾聽大家的意見，保持對話。這種做法與現今經常聽到的「開放式創新」（Open Innovation）的思考邏輯是一致的。也就是說，我們應保持開放的態度，在進行研究開發工作時，不應只在自己的公司裡閉門造車，必須與公司外部具有不同智慧見解的人合作，共同創造新價值。特別是在這個變化莫測的時代。正因為我們是靈活機動性高的中小企業，能夠快速做決策，更應該善用開放式創新的做法。若擁有堅信不移的企業理念，在不失去自主性的情況下，面臨危機時能夠親自判斷，就不會隨波逐流而能走向正確之路。

在TCI研究所推動的海外發展支援計畫中，雖然許多企業的業種、公司規模不盡相同，但是大家長期努力開拓新創事業，共同分享觀點不同的海外展覽會經驗，最後產生了像戰友一樣的情誼。大家與海外採購人員、設計師，同樣也會萌生這種夥伴關係。這種人際關係超越了立場與國境，除了工作上的收穫，它將成為人生無可取代的瑰寶。我認為，從這種情誼中，可以發掘自身無法察覺的企業優勢與價值，極有可能促成意想不到的跨界工藝製造合作。

請大家不要恐懼改變，應去接受與他人的開放式對話。就算只是微不足道的中小企業，一定也能發光發熱。我們應以此為目標，不斷地持續進化。保持靈活多變的創意與信念，持續努力不懈，相信您必定會實現一切夢想。

後記

一九九七年，我在京都初次遇見美麗的傳統工藝品——「京和傘」，轉眼之間二十年過去了。

雖然只不過是二十年，社會卻發生了相當多的轉變。若要舉出其中最大的一項改變，就是網際網路如雨後春筍般普及化吧。不論是誰都能成為訊息的接收者與傳送者，透過一條網路電纜線，便能跨越國境，與人或資訊連結。這種互動式的世界出現後，可說徹底改變了人們的思維與創意。

伴隨著網際網路的普及，通訊設備也同樣發展快速。在我遇見日吉屋的一九九七年之際，網際網路已開始迅速地滲透至職場與家庭。微軟公司推出的系統軟體 Windows 98，正是決定這股趨勢的關鍵因素。然而，當時的網路只能使用電腦，透過撥打電話才能連接，傳輸速率相當緩慢而且不穩定。但是，隨著寬頻網路不斷進化，到了二〇〇七年智慧型手機問世，行動裝置忽然間成為上網的主流。現在，隨時隨地能連上網路已是理所當然的事情。

我們環顧世界，目前已逐漸實現互聯汽車（Connected Car，具備隨時能連接網路功能的網路科技汽車）與自動駕駛的夢想了。物品也興起網路化，也就是所謂的物聯網（IoT），這些事物今後也會滲透到我們的日常生活之中吧。

人類靠著網路，就能跨越距離差距，與世界連結。其中，人類運用高科技發動戰爭的問題日趨嚴重，慘劇不斷在世界各地發生。例如，二〇〇一年的美國九一一事件（紐約市同時發生多起恐怖攻擊事件），就是最具代表性的恐怖攻擊事件。另外，全球金融海嘯（二〇〇八年）、希臘債務危機（二〇一〇年），以及難民等問題，不僅動搖歐美各國，相較於二十年以前，東亞、印度、中東、非洲地區的國家也產生戲劇性的變化。二十年後，世界到底會以什麼樣貌等著我們呢？

儘管時代轉變的速度日趨快速，但是我們也無法斷言「過去的時代變化緩慢」。舉例來說，從織田信長消滅室町幕府的那一年（一五八三年）到德川家康開創江戶幕府（一六〇三年）的時間，剛好是二十年。大概沒有人能預料，時代當權者由織田信長↓

豐臣秀吉↓德川家康，竟然出現如此令人目眩神搖的變化。因此，遽變動盪的時代不只限於如今吧。

那麼，我們生活在未來的二十年當中，該如何順應時代的潮流呢？沒有人會知道二十年後會是什麼樣子。或許未來人類大部分的工作會由人工智慧（ＡＩ）與機器人擔任吧。

不過，能肯定的一點是，我們人類歷經數百萬年發展的根基——情感，它不會如此輕易消逝。無論是古代人或現代人，感受性的深淺或許不同，同樣身為動物的人類，並非像機械或機器人屬於無機物質（反過來看，也許機器人或人工智慧能發展出具有情感般的程式）。再者，人類具備有別於他人的自我認同（identity），也就是，只要堅持「自我」，就不會有人希望所有的物品都只朝效率化、低價格化、均一化發展吧。越富有的階層，反而會越想追求有故事性的商品——「能夠感覺到手工技術的商品」、「彷彿能看到製造者本人的商品」、「為了我而特別訂做的物品」等。

我認為，中小企業今後不能只衡量功能性與便利性，應提高商品的感性價值。換句話說，必須開發喚起消費者共鳴或感動的商品，以及在服務方面找出一條活路。此刻，在各行各業中，大型全球化企業寡占市場的情況甚多。倘若工藝製造只是一味追求功能性、便利性與低價格，絕對無法發揮自己擁有的優勢。我們應善用方便的數位化網路作為工具，向全球宣揚非數位化的感性價值，它正是一條存活的道路吧。

我今年四十三歲。人生的道路仍然還有一半，我絕非認為自己完成了何等成就。在讀者之中，或許有人會對我的不成熟嗤之以鼻。然而，寫在本書中的事蹟，至少都是在我十多歲起曲曲折折的過程中，獲得許多人士指導下所學習的事情。另外，我協助全國各類型工藝製造的中小企業進軍海外，大約有七年的經驗，我把目前能想到的一切對各位有幫助的事情，全部都化為文字寫在本書。

今後，時代變化的速度將會更加急遽。TCI研究所不會就此安於現狀，我們會不斷摸索新的經營手法並使其升級。不過，無論在哪個時代、採取什麼方法，只要能引起顧客共鳴，創造讓消費者去選擇的價值，就能持續經營下去。

我們不要害怕改變，因為「傳統是持續地創新」。反過來說，也就是「若傳統無法創新，就存活不下去」。無論是東洋或西洋，自古以來，只要畏懼變革，就無法順應時代，導致最後消失。這種例子實在不勝枚舉。

「能存活下來的物種並非最強的，也不是最聰明的。唯一能存活的是最能適應改變的物種。」達文西的進化論並不只適用於動物而已。本書若能幫得上無畏改變、持續挑戰的每一位讀者，對我來說，就是再喜悅不過的事情了。

承蒙各界先進照顧，本書才得以出版問世。在書中介紹「Next Market in」方法的主旨——與目標國家、市場活躍的採購人員、設計師，以在地觀點一起進行在地化的商品開發，以及開拓銷售通路。倘若沒有遇到前中小企業廳次長——現任ＯＫＩ的ＣＩＯ（創新長，Chief Innovation Officer）橫田俊之先生，我們就不可能採用「Next Market in」的方法，像現在這樣協助全國各中小企業。假設橫田先生沒有為我們訂出「協助三千間中小企業到海外發展」的遠大目標格局，或許在本書撰稿之前，TCI研究所從事的活動就只侷限在小範圍裡，最後宣告結束。日本的中小企業占企業整體的百分之九十九點七。我因為認識活躍於支援中小企業中樞的橫田先生，才得以拓展視野。

另有一點非常重要，「Next Market in」不僅著重在商品的附加價值，更重視思考如何提升品牌自身價值。我們應把品牌擁有的文化、思想、歷史化為故事，不斷地傳播，讓大眾產生共鳴與信任。如此重要的觀念，正是由於認識了長年任職於世界最頂尖的奢華品牌愛瑪仕副社長齋藤峰明先生才得以學習。齋藤先生退職離開愛瑪仕，希望能把日本傳統工藝製造與工匠師傅的工作向全世界宣揚。他為了推廣這項志業，在巴黎瑪萊區營運「Atelier Blancs Manteaux」，我也從一開始成立時就參與其中。日本這個國家非常獨特，在傳統工藝品上擁有足以向世界誇耀的技術與文化。然而，今後該如何在世界上生存，齋藤先生對此認真研究，不斷尋找方法。我能與他一起工作，充滿許多學習機會，實在感到無比喜悅。

由於遇見橫田先生與齋藤先生等活躍在第一線的諸多前輩們，「日吉屋方法」才能不斷鍾鍊，進化為更強大的「Next Market in」方法。

接下來，日吉屋與TCI研究所的事業受到矚目，我受邀出席媒體與演講會的機會增加。在這過程中，我萌生「現在想告訴大家的事」這個念頭，希望能以紙本的形式彙整這些想法。任職獨立行政法人中小企業基盤整備機構近畿本部的首席顧問（Chief Advisor）樽谷昌彥先生知道我的想法後，於是引介出版社給我。日吉屋開發新商品及進軍海外時，承蒙樽谷先生關照，他同樣在本書出版上提供非常多的協助。

然而，在試著執筆撰稿後，我才發現出版一本書，竟然如此勞神費力，這實在是事前無法預料想像的。在這段過程中，文字工作者松本幸小姐在寫作上給我諸多協助，她花了許多時間，與我一一細數二十年來的記憶。引見我認識松本小姐的是FAYCOM

股份有限公司社長淺田由裕先生，我想藉這個機會再次表達感謝之意。接著，感謝學藝出版社編輯部的岩崎健一郎先生盡一切力量實現本書的企畫，充滿耐心包容我的遲緩進度，延宕一年才得以付梓送印。另外，感謝書中登場的許多工匠師傅，以及工藝製造企業的每一個人、設計師、創作者與相關人士等，如果沒有大家的協助，我一定無法完成本書。

在撰寫本書內容的過程中，感謝日吉屋與ＴＣＩ研究所相關團隊的工作人員以各種形式協助我。目前從事平面設計工作的臼井千尋小姐是我們公司的前任職員，感謝她的幫忙，除了提供美麗的插畫，還協助調整修圖。此外，非常感謝我的家人給我許多建議，每當我遇到挫折時，總是能支持我，給我溫暖的陪伴。

最後，給閱讀本書的所有讀者，在此致上我最高的謝意，感謝您。

西堀耕太郎

作者簡介

西堀耕太郎（Nisibori Kotaro）

傳統工藝「京和傘」日吉屋　第五代傳人

人。

一九七四年出生於和歌山縣新宮市。京和傘的唯一僅存製造商「日吉屋」第五代傳

加拿大留學回日本後，進入市公所擔任口譯工作。結婚後，深深受到妻子的娘家「日吉屋」經營的京和傘魅力吸引，於是脫離公務員身分，走向工匠這條道路。二〇〇四年就任第五代傳人。並提出企業理念——「傳統是持續地創新」，不僅延續傳統和傘的命脈，並且把和傘的技術、結構，積極運用在新商品的開發；以全球化、老店創業的企業為目標。

接著，與國內外設計師、藝術家、建築家跨界合作，致力開發聯名商品，並於二〇〇八年開始積極參加海外展覽會。以和風照明器具「古都里—KOTORI—」系列為中心，開始出口到海外，目前在全世界約十五個國家販賣中。

二〇一一年，採用鋼與ABS樹脂材質，開發出可調整式的照明器具「MOTO」，榮

獲國際高評價「iF Product Design Award」獎項。另外，也與婚紗禮服設計師合作，以「和傘禮服」（Wagasa Dress）參加二〇一一年巴黎時裝週。此外，還與茶道家、建築家合作，打造實驗茶室「傘庵」。不侷限於任何類型，積極拓展自己的活動範圍。

二〇一二年，活用日吉屋累積的經驗與網絡，成立「T.C.I. Laboratory」（現名稱為：TCI研究所股份有限公司），協助日本傳統工藝與中小企業進軍海外市場——開發商品與開拓銷售通路；總計約協助超過一百間以上的企業前往海外發展。

二〇一五年，與有志一同的日法企業共同成立「Blancs Manteaux」股份有限公司，位於於巴黎市內瑪萊區，店鋪面積約一百八十平方公尺，並於店鋪內設置展示中心「Atelier Blancs Manteaux」，主要推廣與販賣日本優異的商品與材料，並且著手與海外設計師共同開發商品。

國家圖書館出版品預行編目(CIP)資料

日本和傘大賣世界：透過海外展覽模式創新與銷售產品 / 西堀耕太郎作；
雷鎮興譯. -- 初版. -- 臺北市：行人文化實驗室, 2019.11
256 面；14.8x21 公分
譯自：伝統の技を世界で売る方法 ： ローカル企業のグローバル・ニッチ戦略

ISBN 978-986-97823-8-8 (平裝)

1.日吉屋 2.企業經營 3.品牌行銷 4.傘

494 108019629

日本和傘大賣世界：中小企業前進海外市場的必勝戰略

伝統の技を世界で売る方法：ローカル企業のグローバル・ニッチ戦略

作　　者：西堀耕太郎
譯　　者：雷鎮興
總 編 輯：周易正
責任編輯：歐品妤
特約文編：張彤華
封面設計：廖　韡
內頁排版：葳豐企業
行銷企劃：郭怡琳、毛志翔
印　　刷：崎威彩藝有限公司

定　　價：320元
I S B N：978-986-97823-8-8
2019年12月 初版一刷

出版者：行人文化實驗室（行人股份有限公司）
發行人：廖美立
地　址：10074 台北市中正區南昌路一段49號2樓
電　話：+886-2- 37652655
傳　真：+886-2- 37652660
網　址：http://flaneur.tw

總經銷：大和書報圖書股份有限公司
電　話：+886-2-8990-2588

Dento No Waza Wo Sekai De Uru Hoho：Rokaru Kigyo No Gurobaru Nitchi Senryaku